同济博士论丛
TONGJI Dissertation Series
总主编 伍 江 副总主编 雷星晖

桑 田 王占山 著

导模共振光学元件研究

Study on Guided-Mode Resonance Optical Devices

同济大学 出版社
TONGJI UNIVERSITY PRESS

内 容 提 要

本书利用亚波长光栅的导模共振效应，重点研究了具备滤光和宽带高反射功能的导模共振光学元件；编写了基于严格的耦合波分析方法的 Matlab 计算程序，对 TE 模情形的衍射效率和收敛性作了数值计算；系统介绍了弱调制光栅的薄膜波导分析方法以及此方法在导模共振光学元件中的应用，提出了多通道共振布儒斯特滤光片的概念及其设计方法，以及实现多通道效应的单层膜、双层膜共振布儒斯特滤光片的亚波长光栅结构。本书可供相关专业师生及研究人员参考阅读。

图书在版编目(CIP)数据

导模共振光学元件研究 / 桑田，王占山著. —上海：
同济大学出版社，2020.12
（同济博士论丛 / 伍江总主编）
ISBN 978-7-5608-9644-1

Ⅰ. ①导… Ⅱ. ①桑… ②王… Ⅲ. ①光学元件—研
究 Ⅳ. ①TH74

中国版本图书馆 CIP 数据核字(2021)第 000521 号

导模共振光学元件研究

桑　田　王占山　著

出 品 人　华春荣	责任编辑　熊磊丽		特约编辑　于鲁宁	
责任校对　谢卫奋	封面设计　陈益平			

出版发行　　同济大学出版社　　www. tongjipress. com. cn
　　　　　　（地址：上海市四平路 1239 号　邮编：200092　电话：021‑65985622）
经　　销　　全国各地新华书店
排版制作　　南京展望文化发展有限公司
印　　刷　　浙江广育爱多印务有限公司
开　　本　　787 mm×1092 mm　　1/16
印　　张　　12
字　　数　　240 000
版　　次　　2020 年 12 月第 1 版　　2020 年 12 月第 1 次印刷
书　　号　　ISBN 978‑7‑5608‑9644‑1

定　　价　　58.00 元

"同济博士论丛"编写领导小组

"同济博士论丛"编辑委员会

袁万城　莫天伟　夏四清　顾　明　顾祥林　钱梦騄
徐　政　徐　鉴　徐立鸿　徐亚伟　凌建明　高乃云
郭忠印　唐子来　阎耀保　黄一如　黄宏伟　黄茂松
戚正武　彭正龙　葛耀君　董德存　蒋昌俊　韩传峰
童小华　曾国苏　楼梦麟　路秉杰　蔡永洁　蔡克峰
薛　雷　霍佳震

秘书组成员：谢永生　赵泽毓　熊磊丽　胡晗欣　卢元姗　蒋卓文

总　序

在同济大学110周年华诞之际，喜闻"同济博士论丛"将正式出版发行，倍感欣慰。记得在100周年校庆时，我曾以《百年同济，大学对社会的承诺》为题作了演讲，如今看到付梓的"同济博士论丛"，我想这就是大学对社会承诺的一种体现。这110部学术著作不仅包含了同济大学近10年100多位优秀博士研究生的学术科研成果，也展现了同济大学围绕国家战略开展学科建设、发展自我特色，向建设世界一流大学的目标迈出的坚实步伐。

坐落于东海之滨的同济大学，历经110年历史风云，承古续今、汇聚东西，秉持"与祖国同行、以科教济世"的理念，发扬自强不息、追求卓越的精神，在复兴中华的征程中同舟共济、砥砺前行，谱写了一幅幅辉煌壮美的篇章。创校至今，同济大学培养了数十万工作在祖国各条战线上的人才，包括人们常提到的贝时璋、李国豪、裘法祖、吴孟超等一批著名教授。正是这些专家学者培养了一代又一代的博士研究生，薪火相传，将同济大学的科学研究和学科建设一步步推向高峰。

大学有其社会责任，她的社会责任就是融入国家的创新体系之中，成为国家创新战略的实践者。党的十八大以来，以习近平同志为核心的党中央高度重视科技创新，对实施创新驱动发展战略作出一系列重大决策部署。党的十八届五中全会把创新发展作为五大发展理念之首，强调创新是引领发展的第一动力，要求充分发挥科技创新在全面创新中的引领作用。要把创新驱动发展作为国家的优先战略，以科技创新为核心带动全面创新，以体制机制改革激发创新活力，以高效率的创新体系支撑高水平的创新型国家建设。作为人才培养和科技创新的重要平台，大学是国家创新体系的重要组成部分。同济大学理当围绕国家战略目标的实现，作出更大的贡献。

大学的根本任务是培养人才，同济大学走出了一条特色鲜明的道路。无论是本科教育、研究生教育，还是这些年摸索总结出的导师制、人才培养特区，"卓越人才培养"的做法取得了很好的成绩。聚焦创新驱动转型发展战略，同济大学推进科研管理体系改革和重大科研基地平台建设。以贯穿人才培养全过程的一流创新创业教育助力创新驱动发展战略，实现创新创业教育的全覆盖，培养具有一流创新力、组织力和行动力的卓越人才。"同济博士论丛"的出版不仅是对同济大学人才培养成果的集中展示，更将进一步推动同济大学围绕国家战略开展学科建设、发展自我特色、明确大学定位、培养创新人才。

面对新形势、新任务、新挑战，我们必须增强忧患意识，扎根中国大地，朝着建设世界一流大学的目标，深化改革，勠力前行！

万　钢

2017 年 5 月

论丛前言

　　承古续今，汇聚东西，百年同济秉持"与祖国同行、以科教济世"的理念，注重人才培养、科学研究、社会服务、文化传承创新和国际合作交流，自强不息，追求卓越。特别是近20年来，同济大学坚持把论文写在祖国的大地上，各学科都培养了一大批博士优秀人才，发表了数以千计的学术研究论文。这些论文不但反映了同济大学培养人才能力和学术研究的水平，而且也促进了学科的发展和国家的建设。多年来，我一直希望能有机会将我们同济大学的优秀博士论文集中整理，分类出版，让更多的读者获得分享。值此同济大学110周年校庆之际，在学校的支持下，"同济博士论丛"得以顺利出版。

　　"同济博士论丛"的出版组织工作启动于2016年9月，计划在同济大学110周年校庆之际出版110部同济大学的优秀博士论文。我们在数千篇博士论文中，聚焦于2005—2016年十多年间的优秀博士学位论文430余篇，经各院系征询，导师和博士积极响应并同意，遴选出近170篇，涵盖了同济的大部分学科：土木工程、城乡规划学（含建筑、风景园林）、海洋科学、交通运输工程、车辆工程、环境科学与工程、数学、材料工程、测绘科学与工程、机械工程、计算机科学与技术、医学、工程管理、哲学等。作为"同济博士论丛"出版工程的开端，在校庆之际首批集中出版110余部，其余也将陆续出版。

　　博士学位论文是反映博士研究生培养质量的重要方面。同济大学一直将立德树人作为根本任务，把培养高素质人才摆在首位，认真探索全面提高博士研究生质量的有效途径和机制。因此，"同济博士论丛"的出版集中展示同济大学博士研究生培养与科研成果,体现对同济大学学术文化的传承。

"同济博士论丛"作为重要的科研文献资源,系统、全面、具体地反映了同济大学各学科专业前沿领域的科研成果和发展状况。它的出版是扩大传播同济科研成果和学术影响力的重要途径。博士论文的研究对象中不少是"国家自然科学基金"等科研基金资助的项目,具有明确的创新性和学术性,具有极高的学术价值,对我国的经济、文化、社会发展具有一定的理论和实践指导意义。

"同济博士论丛"的出版,将会调动同济广大科研人员的积极性,促进多学科学术交流、加速人才的发掘和人才的成长,有助于提高同济在国内外的竞争力,为实现同济大学扎根中国大地,建设世界一流大学的目标愿景做好基础性工作。

虽然同济已经发展成为一所特色鲜明、具有国际影响力的综合性、研究型大学,但与世界一流大学之间仍然存在着一定差距。"同济博士论丛"所反映的学术水平需要不断提高,同时在很短的时间内编辑出版110余部著作,必然存在一些不足之处,恳请广大学者,特别是有关专家提出批评,为提高同济人才培养质量和同济的学科建设提供宝贵意见。

最后感谢研究生院、出版社以及各院系的协作与支持。希望"同济博士论丛"能持续出版,并借助新媒体以电子书、知识库等多种方式呈现,以期成为展现同济学术成果、服务社会的一个可持续的出版品牌。为继续扎根中国大地,培育卓越英才,建设世界一流大学服务。

伍 江

2017 年 5 月

前 言

　　导模共振光学元件是一种能够将入射光耦合到亚波长光栅泄漏模的装置,有关它的研究近年来引起了人们的广泛关注。本书利用亚波长光栅的导模共振效应,重点研究了具备滤光和宽带高反射功能的导模共振光学元件。

　　在导模共振光学元件的研究中,本书编写了基于严格的耦合波分析方法的 Matlab 计算程序,对 TE 模情形的衍射效率和收敛性作了数值计算。结果表明,如谐波数不断增加,即便对于厚光栅情形,光栅的衍射效率仍将收敛于某一确定值。

　　本书从亚波长光栅、有效媒质理论以及导模共振的共振条件等概念出发,系统地介绍了弱调制光栅的薄膜波导分析方法以及这种方法在导模共振光学元件中的应用。弱调制亚波长光栅可以等效为平板波导,利用平板波导的本征值方程,分析导模共振光学元件的光谱特性,得到其共振位置的近似表达式。在此基础上,采用弱调制亚波长光栅结构,阐明了导模共振反射双峰及其分裂现象的物理机制。此外,通过选用抗反射亚波长光栅结构,设计了光栅层位于不同膜层位置的三层膜波导光栅,有效地抑制了反射旁带的波动,提高了亚波长光栅的滤光性能。

本书采用非对称单层膜弱调制光栅结构,研究了正入射情形下多模共振的电场增强效应。研究表明,增加光栅深度可以增大被波导光栅束缚的泄漏模的数目,在高阶模情形将会产生电场局域化增强效应。而电场的归一化振幅是衡量波导光栅泄漏程度的一个重要参量,光谱带宽越大,其泄漏程度越显著,相应的电场增强归一化振幅就会越小。另外,对于单层膜波导光栅电场增强效应的研究为分析其导模共振的物理机制提供了有力依据。

本书利用有效媒质理论,结合亚波长波导光栅的多模共振效应,采用严格的耦合波分析方法,提出了多通道共振布儒斯特滤光片的概念及其设计方法,以及能够实现多通道效应的单层膜、双层膜共振布儒斯特滤光片的亚波长光栅结构。并且,该方法同样适用于单通道共振布儒斯特滤光片的设计。此外,结合共振布儒斯特滤光片的泄漏模特征,研究了共振布儒斯特滤光片的带宽控制规律,指出基片折射率和光栅的填充系数是制约光谱带宽特性的重要因素。

宽带高反射效应是强调制光栅结构的一种普遍现象,它源自多个导模共振效应的叠加与反射增强。本书从波导光栅的本征值方程出发,利用多模共振的叠加效应,设计了多晶硅膜宽带高反射亚波长光栅,并对其物理机制、光栅参数与入射条件进行系统研究。结果表明,波导光栅的本征值方程能够有效地分析亚波长光栅的宽带高反射效应;通过利用多个导模共振反射峰的叠加与反射增强,可以在亚波长多晶硅膜光栅结构中实现宽带高反射效应;此外,光栅周期是一种有效控制反射宽带位置的手段。

总之,通过对导模共振光学元件的研究,将进一步促进和深化人们对亚波长复合纳米结构光学特性的认识。

目　录

第1章

绪　论

1.1　衍射光学元件发展概述

光是一种重要的自然现象,我们之所以能够看到客观世界中五彩缤纷、瞬息万变的景象,是因为眼睛能够接收到物体发射、反射、透射或散射的光。据统计,人类感官接收到外部世界的总信息量至少有 90% 是通过眼睛[1,2]。可见,光在人类的生产生活中扮演着多么重要的角色。

光学是一门古老的科学,其悠久的历史几乎和人类文明史本身一样久远,早在公元前 5 世纪中叶,学者墨翟在其《墨经》一书中就有了关于"小孔成像"光学原理的研究笔录,其中引用的物点和像点概念沿用至今。从人类早期观察天象用以计时和测量起,光学就和人类的生存与发展有着十分密切的联系。自伽利略发明望远镜以来,光学已走过了几百年的漫长发展道路。光学研究的对象是光,它是一门研究从微波、红外线、可见光、紫外线直到 X 射线的宽光波段范围内的,关于电磁辐射的发生、传播、接收和显示,以及跟物质相互作用的科学。

1960 年激光器的问世是光学发展中的一个重要里程碑,激光器的应用使光学技术产生了深刻变化,促使光学技术迅猛发展。但传统光学器件尺寸、体积和重量都比较大,一方面造成了光学元件制作费用高昂,另一方面也不利于光学元件的集成化与微型化。随着加工技术的日益更新,尤其是微加工工艺的出现,仪器的光、机、电集成化、微型化与阵列化将是一个必然的发展趋势。

衍射光学是光学中一个古老而又重要的分支。早在 1660 年,意大利物理学家格里马耳迪就对衍射现象给以了精确的描述。他在一个小光源照明的小棍阴影中观察到光带,即衍射现象。1871 年,Rayleigh 发明的波带片象征着最早的衍射光学元件的诞生。但是由于衍射光学元件总是导致系统的分辨率受限,所以当时并未在光学设计领域中受到重视。20 世纪 60 年代,全息术的出现为衍射光学注入了新的活力,特别是计算全息图[3-5]的发明和成功制作,使得人们认识到这种基于光的衍射效应的元件,能够方便灵活地控制光路和实现不同的光学功能。但是由于全息元件的衍射效率低,制作工艺比较落后,因此发展缓慢。

直到 20 世纪 80 年代中期,美国 MIT 林肯实验室 Veldkamp 教授领导的研究小组在设计新型传感系统时,率先提出了"二元光学"的概念,衍射光学才进入了一个新的快速发展时期。二元光学又称衍射光学,是基于光波衍射理论发展起来的一个新兴光学分支,是光学与微电子技术相互渗透、交叉而形成的前沿学科,也是微光学领域的主要研究内容。基于计算机辅助设计和微米级加工技术制成的平面浮雕型二元光学元件由于具有体积小、重量轻、易复制、造价低、衍射效率高、设计自由度多、材料可选性宽、色散性能独特等特点,能实现传统光学器件难以实现的功能,其应用领域不断被拓展,可实现波前整形[6,7]、人造视网膜[8]、阵列发生[9,10]、光束迭加[11,12]等功能,并已应用于微光谱仪、多通道共焦显微镜、折衍混合照相机物镜、红外焦平面阵列探测等光学系统中。

关于二元光学的准确定义,至今还没有统一的看法,但目前的共识是二元光学是基于光波衍射理论,利用计算机辅助设计、并采用超大规模集成电路制造工艺在元件表面蚀刻产生不同台阶深度的浮雕结构,形成具有极高衍射效率的衍射光学元件,是光学与微电子学相互渗透交叉的前沿学科[13,14]。它的出现给传统光学设计和加工工艺带来一场革命,促进了光学设计原理从折射向衍射发展,光学元件从大型与散件向微型与集成发展。二元光学是由光学与微电子学相互渗透、相互交叉而产生的,它不仅在变革常规光学元件,变革传统光学技术上具有创新意义,而且能够实现传统光学元件许多难以企及的目的和功能,因而被誉为"90年代的光学"。二元光学的提出是衍射光学发展史上的一个里程碑。从此,现代衍射光学开始在学术界和工业界掀起了研究的热潮。在与微电子学相互渗透、相互交叉、相互促进的过程中,衍射光学的理论日益完善、设计方法日趋成熟、加工制作技术不断升级更新,从而促使衍射光学的应用领域得以不断拓展。

1.2 矢量衍射理论研究概况

分析二元光学器件的理论基础是光的衍射理论,通常情况下,当二元光学器件的衍射特征尺寸远大于光波波长,且输出平面距离衍射元件足够远时,可采用标量衍射理论对其衍射场进行足够精度的分析。即只考虑电磁场一个横向分量的复振幅,而假定其他分量可用类似方式独立地进行处理。在此范围内,可以将二元光学器件的设计看作是一个优化设计问题,根据事先给定的入射光场和所期望的输出光场等已知条件,构造设计目标函数,利用一种或多种优化算法,求解二元光学器件的相位结构。目前,基于这一思想的优化设计方法主要有:盖师贝格—撒克斯通算法(G - S)[15,16]、模拟退火算法(SA)[17-19]、遗传算法(GA)[20-22]、杨—顾算法(Y - G)[23-26]、爬山法[27]等。但是标量衍射理论只是一种近似分析方法,因而它的使用是有条件的。如果衍射孔径比波长大很多、观察点离衍射孔不太靠近时,就可以将光波当作标量场,使用标量衍射理论进行分析。在成像系统中,透镜就是衍射孔,观察点离衍射孔不太靠近意味着光学系统必须满足近轴条件,才能使用标量衍射理论处理问题。

尽管标量衍射理论是一种简单而有力的工具,但是它始终是近似的理论,会受到衍射光学元件自身以及所在光学系统的限制,这些限制表现为针对实际体系中各种具体的参数,它不能对这些具体参数加以严格分析,即便是在光栅周期不太小时也存在较大的误差。随着二元光学制作工艺的飞速发展,衍射光学元件越来越精致,其最小特征尺寸已接近或小于光波波长。这种情况下,标量衍射理论逐渐显示出其自身的局限性,而不得不求助于严格的电磁理论,即通常所说的矢量衍射理论。矢量衍射理论基于严格的电磁场理论,在适当的边界条件上、合理地使用一些数学工具来严格地求解麦克斯韦方程组,从而得到光栅衍射电磁场的精确解。目前,常见的矢量衍射理论有积分方法和微分方法。积分方法有有限元方法[28]和边界元方法[29,30]等,微分方法有模式方法[31-34]和耦合波方法[35-38]等。

有限元法是以变分原理为基础并吸收差分格式的思想而发展起来的一种数值方法,它把求解无限自由度的待定函数转化为有限自由度的待定值问题的求解。有限元方法采用变分法使霍姆霍兹方程变成一套代数方程组,该方程组用一组有限元素来描述电磁场。因此,该方法适合处理求解边界问题的解以及解空间有限的问题。它的一个基本原则就是用形状插值函数近似每个单元的电磁场值。单元的阵列空间分布可以是非均匀的,因而它可以比较方便地分析复杂结构二元光学元件的衍射特性。但这种方法的精确性受元素数目、元素形状以及应用的吸收边界条件的限制。而且,由于通常其计算量很大,因而在衍射光学元件的设计方面应用较少。

边界元方法是一种边界积分方法,与有限元方法相比,它是一种更新的处理技术,其基本思想是假设光栅表面的电磁场是由向外传播的行波和衰减的倏逝波叠加而成。与有限元方法不同,边界元方法只取样二元光学元件的实际表面,然后用插值函数展开表面分布。与有限元方法相同的地方是,边界元方法也是既可用于分析无限周期结构,也可用于分析有限非周期结构。但它不必引入吸收边界条件,因而当二元光学元件高宽比不大时,计算结果的收敛性较好。另外,它可以用于确定空间任意处的衍射场,同时计算效率也比有限元方法高,电磁场的解也更为精确。但是当二元光学元件高宽比较大时,这种方法会因矩阵病态而算法失效。对于浅槽深衍射问题,它是一种十分有效的方法。

模式方法和耦合波方法原理上是完全等效的,它们都是在相位调制区将电磁场按照 Fourier 级数展开,所不同的只是它们的展开形式。模式方法将二元光学元件的每一分层电磁场按本征模式展开,解本征矩阵方程,就得到了每一分层的基本模式场,然后再由边界条件求出本征模式的振幅系数,从而确定衍射光栅的整个电磁场分布。若本征模式用傅立叶基函数展开,这称为傅立叶模方法[39]。

耦合波方法是在 20 世纪 80 年代初由 Moharam 和 Gaylord 创立的,这种方法采用 Floquet 的解来表示二元光学元件每一分层基本模式场的横坐标解,电磁场按照空间谐波的 Fourier 级数展开。它首先用来分析平面光栅[36],然后迅速发展到浮雕结构光栅[40]的分析中。该方法主要用于分析无限周期二元光学结构,比如光栅,这时可用已知的特征函数对光波进行展开。它的一个优点是既不用对衍射结构也不用对解空间取样,因此可确定空间每一点的场值,其精确性只受特征函数展开级数的限制。用该方法对具体的二元光学系统的衍射光场作分析计算时,涉及解无穷维偏微分方程,故需截断为有限维方程。这样的截断误差虽然不会违背能量守恒定律,却导致了理论上严格的方法在数学处理上不再是严格的。

衍射光学元件之所以能具有各种各样的光学性能就在于其表面浮雕结构可以千变万化,同时也正是因为浮雕结构的存在,忽略了电磁场相互作用的标量衍射理论将只能得到近似结果。与标量衍射理论相比,矢量衍射理论都显得比较复杂,并且大都要消耗较多的计算时间,尤其是在当今台式 PC 机计算能力仍有限的条件下,不少科研工作者即使在标量衍射理论误差较大的情况下仍然较少考虑使用矢量衍射理论。但是,可以预见,随着计算机水平的不断提高,矢量衍射理论将会越来越多地应用到二元光学系统的分析设计中。

1.3 衍射光栅的历史和应用

衍射光栅作为一种古老的光学元件,其制造史可以追溯到 1785 年[41,42]。当时,美国天文学家黎顿豪斯(Rittenhouse)通过两根距离为 12.7 毫米、采用在由钟表匠制作的细牙螺丝之间平行绕上 52 根头发丝的方法成功研制了世界上第一块衍射光栅。他实际上制成了世界上最早的透射光栅,并且还在费城做了光栅实验。他制作过的最好光栅,线数约为 4.3 线/mm。

1814 年,夫琅和费(Fraunhofer)用自己改进的分光系统,发现并研究了太阳光谱中的暗线(现称为夫琅禾费谱线),利用衍射原理测出了它们的波长[43]。他在平面玻璃上敷以金箔,再在金箔上刻槽做成了具有较大色散的反射式光栅。他发表了平行光单缝及多缝衍射的研究成果(后人称之为夫琅禾费衍射),做了光谱分辨率的实验,第一个定量地研究了衍射光栅,用其测量了光波的波长,为光的波动学说提供了有力的实验证据。他还探讨了光栅的周期误差、槽形和不透光区与透光区的相对宽度对光谱特性的影响,提出平面光栅原理,推导了光栅方程。因此,夫琅禾费对衍射光栅的发展做出了很大贡献。

1867 年,卢瑟福(Rutherfurd)设计了以水轮机为动力的刻划机,制作出当时最好的光栅;1870 年,他在 50 mm 宽的反射镜上用金刚石刻刀刻划了 3 500 条刻槽,制作了人类历史上第一块分辨率和棱镜相当的光栅;1877 年他制作出了 680 线/mm 的光栅[44]。

19 世纪 80 年代,罗兰(Rowland)为了系统地测量光谱线的波长,致力于凹面光栅的研制工作,他认为凹面光栅比平面光栅不仅有更好的聚焦能力,并有消除红外线和紫外线的辐射等优点[45]。为了制作高分辨率的凹面光栅,他磨制了一种十分精密的驱动螺旋控制器,利用这一装置,他能在面积仅为 25 平方英寸(约 0.016 平方米)的金属板上刻出 45 000 条细缝,使衍射光栅的分辨率得到空前提高,这为光谱的测定和分析提供了精密的仪器,极大地推动了光谱学的发展。他获得的太阳光谱波长表包括上万条太阳谱线,成为太阳光谱研究的参考标准。后来,Wood 直接在玻璃表面上刻划制备衍射光栅。同时,Wood 还采取在玻璃表面上镀制金属薄膜的方式来提高光栅的反射效率。Anderson 和 Wood 通过研究光栅槽形对光强分布的影响,提出了闪耀光栅的概念[46]。

1948 年,伽伯(Gabor)为了提高电子显微镜的分辨本领,提出了一种无透镜的两步光学成像方法,他称为"波前重建",这种技术现在称为全息术[47]。采用全息术制备的光栅于 1967 年制成,其后大批生产并得到了广泛应用。在 20 世纪 50 年代之前,这方面的研究工作进展相当缓慢。随着激光技术的发展,出现了用记录激光干涉条纹制作衍射光栅的技术,发展了所谓的"全息光栅"。1960 年激光器发明以后,又出现了专门用于激光器的激光光栅,它主要用作色散元件,对激光输出光谱进行选择和调谐。由于激光具有高亮度、高方向性、高单色性和高相干性的优点,为全息照相提供了十分理想的光源,从此以后全息技术的研究进入了一个新阶段,相继出现了多种全息方法,不断开辟了全息应用的许多新领域。最近几十年,全息技术的发展非常迅速,它已成为科学技术的一个新领域。

关于衍射光栅,美国麻省理工学院 GR Harrison 光谱学实验室的创始人 Harrison 教授曾经做过如下精彩论述:"很难找出另一种像衍射光栅这样的给众多科学领域带来更为重要实验信息的单一器件,物理学家、天文学家、化学家、生物学家、冶金学家等用它作为异常卓越的精密常用工具,用作原子种类的探测器以确定天体的特性和行星中空气的存在,研究原子和分子结构,获取无数的科学信息,没有它,现代科学的发展将严重受阻。"[48]

1.3.1 衍射光栅的分类

通常,不同种类的光栅所需采取的分析计算方法可能会不同,因此有必要在这里简单介绍衍射光栅的分类。

光栅的种类繁多,分类方法也有很多[41,42]。按材料分,可以分为金属光栅、塑料光栅和介质光栅;按对光波的调制方式分,可以分为振幅型光栅和相位型光栅;按使用波长范围分,可以分为红外光栅、可见光光栅、X 射线光栅;按衍射级次分,可以分为零级光栅(也称为亚波长光栅)和非零级光栅;按光栅的工作方式分,可以分为透射式光栅和反射式光栅;按光栅面型分,可以分为平面光栅和凹面光栅;按光栅周期维数分,可以分为一维光栅、二维光栅和体光栅;按光栅槽形分,可以分为正弦光栅、矩形光栅、阶梯光栅等;按制作方法分,可以分为机刻光栅、全息光栅、全息离子束蚀刻光栅、母光栅、复制光栅等;按折射率调制方式分,可以分为浮雕光栅和体光栅;按应用领域分,可以分为光谱光栅、测量光栅、脉冲压缩光栅、激光光栅等,可以说是不胜枚举。

体光栅是依靠光栅材料体内折射率的周期性变化得到的,而浮雕光栅是通过使均匀材料的表面轮廓面型周期性变化得到的。通常,体光栅的折射率调制比较小,而且折射率的分布是连续的,所以,相对于浮雕光栅而言,其数学处理方式相对来说要简便一些。但从使用的角度来说,浮雕光栅比体光栅更耐用,对环境变化更不敏感,光谱性能更为丰富,因而应用更加广泛。

相位光栅和振幅光栅的称谓源于经典的标量衍射理论,这种理论认为,相位光栅或者振幅光栅对入射光波的作用仅仅表现为对经光栅反射和透射后光波的相位或者振幅单独加以调制。而以现代光栅理论的观点来看,这两个术语的含义是不确切的,因为通常衍射光栅本身既不是纯相位的也不是纯振幅的。不过,这种分类法在历史上曾经起过积极作用,因为旧时的光栅周期长、刻槽浅,标量理论通常是适用的。但是,现代应用中的许多光栅的周期与使用波长在同一数量级,标量理论已经不再适用。因此,相位光栅和振幅光栅的概念也就失去了成立的基础[49]。

零级光栅,又称为亚波长光栅,是指衍射光栅的特征尺寸(通常指光栅周期)远小于入射光波长或者与入射光波长大小相当时的光栅结构。与传统的光栅(也称为非零级光栅)结构不同,零级光栅仅有零级衍射级次,因而光栅层两侧的光线传播性质类似于各向同性的光学薄膜,即满足反射和折射定律。但是零级光栅的物理本质与光学薄膜是截然不同的,因而两者的分析计算方法也是完全不同。光学薄膜通常采用传输矩阵法进行分析计算,而对零级光栅而言标量衍射理论已经失效,只能采用矢量衍射理论加以分析处理。

1.3.2 衍射光栅的主要性能

衍射光栅主要有四个基本性质:色散、分束、偏振和相位匹配,绝大多数光栅的应用都是基于这四种基本特性的[41,42]。

光栅的色散是指光栅能够将相同入射条件下不同波长的光波衍射到不同方向,这是光栅最为人熟知的性质,它表明光栅具备分光能力。光栅的色散可用角色散率和线色散率来表示。光栅的角色散率是指在同级光谱中两条谱线衍射角之差与其对应波长差之比。光栅的线色散率是指波长相差一个单位长度的两条谱线在角面上的距离。角色散和线色散是光谱仪的一个重要性能指标,色散越大,越容易将两条靠近的谱线分开。

在标量衍射理论的研究范围内,光栅的偏振特性往往易被忽视,因为标量衍射理论本身是忽略了光栅的偏振特性的。光栅的偏振特性需要用光栅的矢量衍射理论分析计算才能得到,因此,在 20 世纪 80 年代以前有关光栅偏振特性的研究大都停留在实验研究方面,无法在理论上进行精确的模拟验证分析。对于亚波长光栅,其衍射光波电磁场的分布与入射光波电磁场的偏振态紧密相关,同时入射光波的波长大小对衍射光波电磁场分布的影响也越来越显著,因而光栅的偏振特性显得越来越明显。天然材料的偏振效应源于晶体的双折射效应,其本质是材料中微观结构的不对称性。光栅结构同样具有几何不对称性,尽管组成光栅的材料可以是各向同性的,可是由于电场垂直于光栅矢量(TE 偏振)和磁场垂直于光栅矢量(TM 偏振)的入射偏振光的边界条件不同,相应两种情形的等效折射率也不一样,这种现象称为形式双折射[50]。随着矢量衍射理论的出现和纳米光刻技术的不断提高,有关光栅偏振特性的设计制备研究也屡见报道[51-53]。

光栅的相位匹配性质是指光栅具备将两个传播常数不同的光波耦合起来的本领。最明显的例子是光栅波导耦合器,它能将一束在自由空间中传播的光束耦合到光波导中。根据瑞利(Rayleigh)展开式,一束平面光波照射在光栅上会产生无穷多的衍射平面波,相邻衍射波的波矢沿

x 方向(光栅矢量方向)的投影之间的距离是个常数,等于光栅的波矢,即[37]:

$$k_{ix} = k_{0x} - i2\pi/\Lambda \qquad (1-1)$$

式中,i 为衍射级次;k_{ix} 为第 i 级衍射光波的波矢量在光栅矢量方向的投影;k_{0x} 为入射光波波矢量在光栅矢量方向的投影。平面波的波面是一系列相互平行平面,平面波可以视为电磁场在无源、均匀媒质中的一种传播模式,因此由式(1-1)可以看出,光栅有能力把波矢沿着固定方向、投影相差光栅矢量整数倍大小的不同平面波耦合起来。

1.3.3 衍射光栅的"异常"现象

衍射光栅的"异常"是指对于入射光波长或者入射角等物理参数的一个微小变化导致衍射光波电磁场发生突变的现象。这一现象是 1902 年伍德(Wood)在研究金属反射光栅实验时首次发现的[54]。由于当时已有的光学理论不能对这一现象做出解释,故伍德把这一现象称之为"异常",这也就是大家所熟知的"伍德异常"。尽管光栅"异常"这一术语依旧沿用至今,但是现在我们知道所谓的"异常"现象其实只是衍射光栅的一个基本现象,能够用矢量衍射理论进行分析描述。光栅"异常"可分为两种基本类型:瑞利型和共振型。

瑞利型"异常"[55]是指在衍射光波的闪耀角上,由于某一传播的衍射级次变成了倏逝波(或者某一级次的倏逝波变为传播波)导致衍射能量在其他级次的重新分配现象。此时的入射光波波长称为瑞利波长,它可以由相位匹配条件求出:

$$\lambda_R = \Lambda(n_c \sin\theta_{in} + n_s)/i \qquad (1-2)$$

式中,Λ 为光栅周期;θ_{in} 为入射角;i 为衍射级次;n_c 和 n_s 分别为入

射媒质和基底折射率;λ_R为瑞利波长。

对于介质光栅,共振型"异常"是由入射光波与波导光栅结构本身所支持的泄漏模发生耦合导致衍射能量发生急剧变化造成的[56,57]。共振型"异常"的发生条件首先是在光栅波导中或者沿光栅表面有传播的衍射波的存在;其次是入射光波与这些衍射波满足相位匹配条件。当耦合发生时,入射光波能量的一部分被转移到衍射级次中去,由此造成衍射效率在相位匹配点附近突变。对于金属光栅而言,表面等离子共振(SPR)是造成共振型"异常"的另一个重要原因[58]。

衍射光栅的"异常"与入射光波的偏振态、闪耀波长、光栅面型以及光栅的材料性质等因素有关,如今已被普遍认为是光栅光学元件的一个基本现象。

1.4 导模共振光学元件研究简介

导模共振是衍射光栅在一定的光栅参数和入射条件下出现的一种特殊的衍射现象。在物理机制上可认为是外部传播的衍射光场与受调制波导泄漏模之间的耦合,表现出窄带、高衍射效率、很强的波长敏感性和入射角敏感性的特点[58]。导模共振的产生,是由于衍射光栅可以看作周期调制的波导,当光栅的高级次子波与波导所支持的导模在参数上接近时,光栅的能量重新分布,由于光栅的周期性调制使得光栅波导产生泄漏,而泄漏的波导所支持的能量也重新分布,形成导模共振。因此,在共振波长处,将出现尖锐的反射峰或透射峰。利用导模共振效应可以分析设计各种光学元件。

图 1-1 为一单层结构光栅衍射效率曲线。光栅参数包括:光栅深度为 0.3 μm,入射媒质和基底的折射率分别为 1.0 和 1.45,光栅层材料

折射率分别为 2.02 和 1.76,光栅周期为 1 μm,光栅的填充系数为 0.5。
TE 偏振光以 0° 入射角入射。由于该光栅为亚波长结构,所以衍射级次
只有零级。可以看到,该衍射光栅在波长为 1.55 μm 处出现了一个尖锐
的反射峰,表现出共振"异常"现象,相应地,共振位置处的波长(λ =
1.51 μm)称为共振波长。但该光栅的反射率曲线峰形分布不对称,且
反射率旁带起伏大,因此其反射滤光性能不甚理想。如果要获得滤波性
能良好的反射滤光片,可以通过合理选择光栅参数和入射条件来获得。

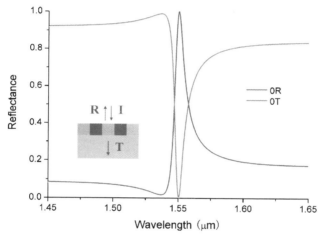

图 1-1　单层结构光栅衍射效率曲线

1965 年,Hessel 和 Oliner 在研究光栅反射时,首次建立数学模型对
衍射光栅的导模共振现象进行深入分析,在物理概念上指出入射光波与
光栅所支持的泄漏模发生耦合时会导致导模共振现象的产生[57]。但
是,由于当时矢量衍射理论发展还不成熟,Hessel 和 Oliner 采用的数学
模型也只是一种近似模型,因此还不能够对导模共振做出严格描述。随
后,Golubenko 等人[59]和 Popov 等人[60]分别通过对光栅波导全反射现
象和光栅"异常"现象的研究,对导模共振在数学上做出了更为精确的描
述,引起人们对这一现象的关注。随着矢量衍射理论的不断发展,对衍

射光栅电磁场的精确分析计算已成为可能[32,33,36,37]，促使人们给予导模共振现象更多的关注[61-64]。

1992年，Magnusson和Wang首次提出利用衍射光栅的导模共振效应来设计滤光片的原理，指出导模共振滤光片可以作为一种基本的光学元件应用到各种光学系统中[58,65]。Magnusson和Wang通过对导模共振滤光片衍射特性的分析研究，指出导模共振滤光片具备诸如偏振分离、输出波长可调、光谱带宽可控制、窄带高反射等特点，有可能在激光高反、集成光学、偏振分离、光开关等系统中具有较好的、潜在的应用前景。Magnusson和Wang的研究成果激发了人们对导模共振光学元件的研究热情，之后产生了越来越多有关导模共振光学元件的研究成果。导模共振光学元件在激光高反[66,67]、集成光学[68,69]、偏振[70,71]、光开关[72]、光调制器[73]等系统中的应用研究先后见诸报道。

随着二元光学科学技术的不断发展，亚波长微结构光栅受到了人们的不断重视。出现了更多关于导模共振光学元件的理论和实验方面的研究，新型导模共振光学元件的设计应用也不断涌现。具有高衍射效率，工作在毫米波段[74]、微波波段[75]、近红外波段[76]和可见光波段[76,77]的导模共振滤光片也在实验中得以实现。此外，多通道导模共振滤光片[78-80]、非简并泄漏模导模共振光学元件[81,82]以及导模共振在生物[83]、传感[84]和医药[85]等方面的研究在近年来也引起人们的广泛关注。

1.5 本书的主要内容

本书基于衍射光栅的导模共振效应，利用光波导理论、有效媒质理论、薄膜的传输矩阵方法以及严格的耦合波分析方法，研究了具备滤光和宽带高反射功能的导模共振光学元件。主要内容包括：严格的耦合波分析方法处理光栅衍射问题的一般过程；导模共振效应的共振特性；抗反射结构的导模共振滤光片；多模共振情形下导模共振滤光片的电场局域化增强效应；多通道共振布儒斯特滤光片以及相应的带宽特性；宽带高反射亚波长光栅的物理机制及其设计方法。

针对光栅衍射理论，本书系统介绍了光栅衍射理论的分类以及相关衍射理论的研究背景，重点介绍了严格的耦合波分析方法处理光栅衍射问题的思路和过程，初步编写了基于严格的耦合波分析方法的 Matlab 计算程序，并以 TE 模情形为例分析讨论衍射效率和计算方法的收敛性问题。

针对导模共振光学元件的应用，本书重点研究了具备窄带和宽带高反射功能的导模共振光学元件。针对 TE 模入射情形，采用抗反射（AR）结构多层膜波导光栅，设计出共振波长不变、不同带宽的 $\lambda/4 - \lambda/4 - \lambda/4$ 型 AR 结构反射滤光片。针对 TM 模入射情形，提出多通道共振布儒斯特滤光片的概念及其设计方法，以及实现多通道效应的单层膜、双层膜共振布儒斯特滤光片的光栅结构，并对其带宽特性展开研究。此外，采用单层多晶硅膜光栅结构，实现了具备宽带高反射功能的亚波长光栅的设计，并就光栅参数和入射条件对光谱性能的影响展开系统研究。

针对导模共振光学元件的分析设计，本书从亚波长光栅、有效媒质理论以及导模共振的共振条件等概念出发，系统介绍并发展了弱调制光栅的薄膜波导分析方法。采用该方法，分析获得良好滤光性能的单层膜结构导模共振滤光片的思路，得到它所满足的数学表达式。对正入射时导模共振产生的反射双峰及反射双峰分裂现象进行深入分析与阐释，并就导模共振对入射角和光栅周期敏感性的成因进行探讨。此外，采用非对称单层膜弱调制亚波长光栅结构，研究正入射条件下多模共振导模共振滤光片的电场特性,重点研究电场增强效应及其相关物理机制,这一研究同时还为单层膜光栅结构导模共振的发生机制提供了有力依据。

参考文献

1. 马明祥.光学的发展历史概述[J].大众科技,2007(11):82-83.

2. http://www.hoodong.com/wiki/％E5％85％89

3. J. P. Allebach. Interative approaches to computer-generated holography[J]. Proc. SPIE, 1988(884):2-9.

4. B. K. Jennison, J. P. Allebach, and D. W. Sweeney. Iterative approaches to computer generated holography[J]. Opt. Eng. 1989(28):629-637.

5. M. R. Feldman. Diffractive optics move into the commercial arena[J]. Laser Focus World, 1994(30):143-151.

6. W. B. Veldkamp. Laser beam profile shaping with interlaced binary diffraction gratings[J]. Appl. Opt. 1982(21):3209-3212.

7. L. A. Romero and F. M. Dickey. Lossless laser beam shaping[J]. Opt. Soc. Am. 1996(A13):751-760.

8. 严瑛白,冯文毅,崔晓明,戴伦.微光学视网膜器件与光学子波图象纹理分割[J].仪器仪表学报,1996(17):114-117.

9. H. Dammann and K. Gortler. High-efficiency in-line multiple imaging by means of multiple phase holograms[J]. Opt. Commun. 1971(3):312-315.

10. A. G. Sedukhin. Effect of multiple equidistant imaging: analyzing the techniques of its monochromatic reproduction and the forms of manifestation [J]. Opt. Soc. Am. 2007(A24):2220-2229.

11. J. R. Leger, M. Holz, G. J. Swanson, and W. Veldkamp. Coherent laser beam addition: An application of binary optics[J]. Lincoln Lab. J. 1, 225-246 (1988).

12. J. R. Leger and M. Holz. Binary Optical Elements for Coherent Addition of Laser Diodes[J]. LEOS/OSA Meeting, Santa Clara, CA, 1998:468-471.

13. 金国藩，严瑛白，邬敏贤. 二元光学［M］. 北京：国防工业出版社，1998.

14. 金国藩. 二元光学［J］. 物理与工程，2000(10)：2－5,16.

15. R. W. Gerchberg and W. O. Saxton. Phase determination for image and diffraction plane pictures［J］. Optik，1971(34)：275－284.

16. R. W. Gerchberg and W. O. Saxton. A practical algorithm for the determination of phase from image and diffraction plane pictures［J］. Optik，1972(35)：227－246.

17. M. S. Kim and C. C. Guest. Simulated annealing algorithm for binary phase only filters in pattern classification［J］. Appl. Opt. 1990(29)：1203－1208.

18. S. Yin，M. Lu，C. Chen，F. T. S. Yu，T. D. Hudson，and D. K. McMillen. Design of a bipolar composite filter using simulated annealing algorithm［J］. Optics Lett. 1995(20)：1409－1411.

19. J. Liu and B.-Y. Gu. Laser Beam Shaping with Polarization-Selective Diffractive Phase Elements［J］. Appl. Opt. 2000(39)：3089－3092.

20. G. Zhou，Y. Chen，Z. Wang，and H. Song. Genetic Local Search Algorithm for Optimization Design of Diffractive Optical Elements［J］. Appl. Opt. 1999(38)：4281－4290.

21. G. Cormier，R. Boudreau，and S. Thériault. Real-coded genetic algorithm for Bragg grating parameter synthesis［J］. Opt. Soc. Am. 2001(B 18)：1771－1776.

22. G.-W. Chern and L. A. Wang. Design of binary long-period fiber grating filters by the inverse scattering method with genetic algorithm optimization［J］. Opt. Soc. Am. 2002(A 19)：772－780.

23. 杨国桢，顾本源. 光学系统中振幅和相位的恢复问题［J］. 物理学报，1981(30)：410－413.

24. 杨国桢，顾本源. 用振幅-相位型全息透镜实现光学变换的一般理论［J］. 物理学报，1981(30)：414－417.

25. J. Liu，B. Dong，B. Gu，and G. Yang. Generation of polarized patterns with

the use of polarization-selective diffractive phase elements[J]. Optik, 1999 (110): 337 - 339.

26. J. Liu, B. Dong, and B. Gu. Polarization-selective diffractive phase elements for implementing polarization mode selecting, color demultiplexing, and spatial focusing simultaneously[J]. Optik, 2000(111): 49 - 52.

27. M. A. Seldowitz, J. P. Allebach, and D. W. Sweeney. Synthesis of digital holograms by direct binary search[J]. Appl. Opt. 1987(26): 2788 - 2798.

28. B. Lichtenberg and N. C. Gallagher. Numerical modeling of diffractive devices using the finite element method[J]. Opt. Eng. 1994(33): 3518 - 3526.

29. S. Kagami and I. Fukai. Application of boundary-element method to electromagnetic field problems[J]. IEEE Trans. Antennas Propag. 1984(AP-32): 455 - 461.

30. D. W. Prather, M. S. Mirotznik, and J. N. Mait. Boundary integral methods applied to the analysis of diffractive optical elements[J]. Opt. Soc. Am. 1997 (A 14): 34 - 43.

31. K. Knop. Rigorous diffraction theory for transmission phase gratings with deep rectangular grooves[J]. Opt. Soc. Am. 1978(68): 1206 - 1210.

32. L. C. Boten and M. S. Craig. High conducting lamellar diffraction grating[J]. Opt. Acta, 1981(28): 1103 - 1106.

33. L. Li. A modal analysis of lamellar diffraction gratings in conical mountings [J]. Opt. Acta, 1993(40): 553 - 573.

34. L. Li. Formulation and comparison of two recursive matrix algorithms for modeling layered diffraction gratings[J]. Opt. Soc. Am. 1996(A 13): 1024 - 1035.

35. R. Magnusson and T. K. Gaylord. Diffraction efficiencies of thin phase gratings with arbitrary grating shape[J]. Opt. Soc. Am. 1978(68): 806 - 814.

36. M. G. Moharam and T. K. Gaylord. Rigorous coupled-wave analysis of planar-grating diffraction[J]. Opt. Soc. Am. 1981(71): 811 - 818.

37. T. K. Gaylord and M. G. Moharam. Analysis and Applications of Optical Diffraction by Gratings[J]. Proc. IEEE，1985(73)：894 – 937.

38. M. G. Moharam，E. B. Grann，D. A. Pommet，and T. K. Gaylord. Formulation for stable and efficient implementation of the rigorous coupled-wave analysis of binary gratings[J]. Opt. Soc. Am. 1995(A 12)：1068 – 1076.

39. L. Li. Reformulation of Fourier modal method for surface-relief gratings made with anisotropic materials[J]. Mod. Opt. 1998(45)：1313 –133.

40. M. G. Moharam，E. B. Grann，D. A. Pommet，and T. K. Gaylord. Stable implementation of the rigorous coupled-wave analysis of surface-relief gratings：enhanced transmittance matrix approach[J]. Opt. Soc. Am. 1995(A 12)：1077 – 1086.

41. M. C. Hutley. Diffraction gratings[M]. Oxford：Alden Press，1982.

42. 祝绍箕，邹海兴，包学诚，郭厚林. 衍射光栅[M]. 北京：机械工业出版社，1986.

43. A. Leitner. The life and work of Joseph Fraunhofer (1787 – 1826)[J]. Am. J. Phys. 1975(43)：59 – 68.

44. 刘战存. 衍射光栅发展历史的回顾[J]. 物理实验，1999(19)：48 – 49.

45. 刘晓燕. 实验物理学家罗兰对物理学的贡献[J]. 现代物理知识，2004(3)：63 – 64.

46. J. Strong. Robert Williams Wood[J]. Appl. Opt. 1976(15)：1741 – 1743.

47. 刘战存，徐桂妹. 站在'巨人'肩膀上的创新——伽伯对全息术的发明[J]. 物理实验，2000(20)：39 – 40,42(2000).

48. http：//www. ime. ac. cn/c/cn/news/2007 – 11/21/news_313. html

49. 邢德财. 几种介质光栅的衍射特性研究[D]. 四川大学硕士学位论文，2005.

50. M. 波恩，E. 沃尔夫. 光学原理[M]. 杨霞苏译. 北京：科学出版社，1978.

51. L. Nikolova and T. Todorov. Diffraction efficiency and selectivity of polarization holographic recording[J]. Opt. Acta，1984(31)：579 – 588.

52. M. Zirngibl，C. H. Joyner，and P. C. Chou. Polarization compensated waveguide grating router on InP[J]. Electron. Lett. 1995(31)：1662 – 1664.

53. D. Lacour, J. -P. Plumey, G. Granet, and A. M. Ravaud. Resonant waveguide grating: Analysis of polarization independent filtering[J]. Opt. Quan. Electron. 2001(33): 451 – 470.

54. R. W. Wood. Remarkable spectrum from a diffraction grating[J]. Philos. Mag. 1902(4): 396 – 402.

55. L. Rayleigh. Note on the remarkable case of diffraction spectrum described by Prof. Wood[J]. Philos. Mag. 1907(14): 60 – 65.

56. A. Hessel and A. A. Oliner. A new theory of Wood's anomalies on optical gratings[J]. Appl. Opt. 1965(10): 1275 – 1297.

57. R. Magnusson and S. S. Wang. New principle for optical filters[J]. Appl. Phy. Lett. 1992(61): 1022 – 1024.

58. L. W. Bames, T. W. Preist, S. C. Kitson, and J. R. Sambles. Physical origin of photonic energy gaps in the propagation of surface plasmons on gratings[J]. Phys. Rev. B, 1996(54): 6227 – 6244.

59. A. Golubenko, A. S. Svakhin, V. A. Sychugov, and A. V. Tishchenko. Total reflection of light from a corrugated surface of a dielectric waveguide[J]. SOV. J. Quantum Electron. 1985(15): 886 – 887.

60. E. Popov, L. Mashev, and D. Maystre. Theoretical study of the anomalies of coated dielectric gratings[J]. Opt. Acta. 1986(33): 607 – 619.

61. S. Zhang and T. Tamir. Spatial modifications of Gaussian beams diffracted by reflection gratings[J]. Opt. Soc. Am. 1989(A 6): 1368 – 1381.

62. M. T. Gale, K. Knop, and R. Morf. Zero-order diffractive microstructures for security applications[J]. Proc. SPIE, 1990(1210): 83 – 89.

63. S. S. Wang, R. Magnusson, J. S. Bagby, and M. G. Moharam. Guided-mode resonances in planar dielectric-layer diffraction gratings[J]. Opt. Soc. Am. 1990(A 7): 1470 – 1474.

64. D. Marcuse. Theory of Dielectric Optical Waveguides[M]. 2nd ed. New York: Academic, 1991.

65. R. Magnusson and S. S. Wang. Optical guided-mode resonance filter[J]. US patent number 5,216,680, June 1, 1993.

66. R. Magnusson, D. Shin, and Z. S. Liu. Guided-mode resonance Brewster filter[J]. Opt. Lett. 1998(23): 612 – 614.

67. P. S. Priambodo, T. A. Maldonado, and R. Magnusson. Fabrication and characterization of high-quality waveguide-mode resonant optical filters[J]. Appl. Phys. Lett. 2003(83): 3248 – 3250.

68. W. Shu, M. F. Yanik, O. Solgaard, and S. Fan. Displacement-sensitive photonic crystal structures based on guided resonances in photonic crystal slabs [J]. Appl. Phys. 2003(82): 1999 – 2001.

69. R. Magnusson and Y. Ding. MEMS tunable resonant leaky mode filters[J]. IEEE Photon. Technol. 2006(18): 1479 – 1481.

70. R. -C. Tyan, A. A. Salvekar, H. -P. Chou, C. -C. Cheng, A. Scherer, P. -C. Sun, F. Xu, and Y. Fainman. Design, fabrication, and characterization of form-birefringent multilayer polarizing beam splitter[J]. Opt. Soc. Am. 1997 (A 14): 1627 – 1636.

71. A. -L. Fehrembach and A. Sentenac. Unpolarized narrow-band filtering with resonant gratings[J]. Appl. Phys. 2005(86): 121105.

72. A. Mizutani, H. Kikuta, and K. Iwata. Numerical study on an asymmetric guided-mode resonant grating with a Kerr medium for optical switching[J]. Opt. Soc. Am. 2005(A 22): 355 – 360.

73. T. Katchalski, G. Levy-Yurista, A. Friesem, G. Martin, R. Hierle, and J. Zyss. Light modulation with electro-optic polymer-based resonant grating waveguide structures[J]. Opt. Express, 2005(13): 4645 – 4650.

74. V. V. Meriakri, I. P. Nikitin, and M. P. Parkhomenko. Frequency characteristics of mental-dielectric gratings[J]. Radiotekhnika i elektronika, 1992(37): 604 – 611.

75. R. Magnusson, S. S. Wang, T. D. Black, and A. Sohn. Resonance

properties of dielectric gratings：Theory and experiments at 4～18 GHz[J]. IEEE Tran. Antennas Propagat. 1994(42)：567－569.

76. A. Sharon，D. Rosenblatt，and A. A. Friesem. Resonant grating-waveguide structure for visible and near infrared radiation[J]. Opt. Soc. Am. 1997(A 14)：2896－2993.

77. N. Kaiser，T. Feigl，O. Stenzel，U. Schulz，and M.-h. Yang. Optical coatings：trends and challenges[J]. 光学精密工程，2005(13)：389－396.

78. Z. Wang，T. Sang，L. Wang，J. Zhu，Y. Wu，and L. Chen. Guided-mode resonance Brewster filters with multiple channels[J]. Appl. Phys. 2006(88)：251115.

79. Z. Wang，T. Sang，J. Zhu，L. Wang，Y. Wu，and L. Chen. Double-layer resonant Brewster filters consisting of a homogeneous layer and a grating with equal refractive index[J]. Appl. Phys. 2006(89)：241119.

80. J. Ma，S. Liu，D. Zhang，J. Yao，C. Xu，J. Shao，Y. Jin，and Z. Fan. Guided-mode resonant grating filter with an antireflective surface for the multiple channels[J]. Opt. A：Pure Appl. Opt. 2008(10)：025302.

81. Y. Ding and R. Magnusson. Use of nondegenerate resonant leaky modes to fashion diverse optical spectra[J]. Opt. Express，2004(12)：1885－1891.

82. Y. Ding and R. Magnusson. Resonant leaky-mode spectral-band engineering and device applications[J]. Opt. Express，2004(12)：5661－5674.

83. D. Wawro，S. Tibuleac，R. Magnusson，and H. Liu. Optical fiber endface biosensor based on resonances in dielectric waveguide gratings[J]. Proc. SPIE，2000(3911)：86－94.

84. B. Cunningham，P. Li，B. Lin，and J. Pepper. Colorimetric resonant reflection as a direct biochemical assay technique[J]. Sen. Actuators，2002(B 81)：316－328.

85. M. A. Cooper. Optical biosensors in drug discovery[J]. Nat. Rev. Drug Discov. 2002(1)：515－528.

第2章
严格的耦合波分析方法

2.1 光栅衍射理论简介

近年来,由于二元光学的出现,极大地丰富了光学元件的种类,它以结构紧凑、重量轻、设计灵活、易于复制等优点在越来越多的领域中得到了广泛的应用。二元光学的理论基础是光的衍射理论。

衍射光栅是现代光学技术中的一种重要光学元件,它的应用现在已不仅仅局限于光谱学领域,亦广泛地应用于计量光学、集成光学、信息处理及光通信等领域。衍射光栅最重要的指标之一是衍射效率,对于不同类型的光栅往往需要用不同的理论来分析计算它们的衍射效率。

这些理论一般可以划分为两大类:一是标量衍射理论;二是矢量衍射理论。已有许多专著[1,2]详尽地介绍了标量衍射理论。矢量衍射理论是分析光栅衍射的严格方法,它可以分为两大类:积分方法和微分方法[3]。积分方法适合分析连续面型的光栅,微分方法则适用于分析台阶面型的光栅。并且,实际计算中,后者一般比前者简单。在微分方法中,耦合波理论[4-6]和模式理论[7]是两种最广泛使用的分析方法,这两种方法均为严格理论并且在本质上是完全等价的,它们是电磁场在光栅内不同的数学表述方式。模式方法是将光栅内总场强表述为所有可能"模"的加权求和,每个模均满足 Maxwell 波动方程。而在耦合波方法中,单个分量不满足 Maxwell 波动方程,所有分量求和才满足波动方程。文献[8]指出这两种方法实质上是等价的。

2.1.1 标量衍射理论

利用严格矢量分析法计算光栅的衍射效率,原则上可以得到比较准确的结果。但由于它是通过求解麦克斯韦方程组加上边界条件来实现的,计算非常麻烦。如果利用标量衍射理论计算,相对来说要容易多了。与矢量衍射理论相比,标量衍射理论具有方法简单、计算简便和计算量小的特点,但它只是一种近似理论,因而它的使用是有条件的。当衍射元件的特征尺寸远大于波长时,用标量衍射理论进行分析,可以达到足够的精确度,能够满足实际需要。但是,当衍射元件的特征尺寸接近甚至小于波长时,传统的标量衍射理论已不能作出严格描述,此时标量衍射理论失效,必须采用矢量衍射理论来分析。

影响标量衍射理论计算结果准确性的因素很多。首先是光栅面型是影响其计算结果精确性的一个重要因素。其次是在光栅周期减小,光栅深度增加,光栅折射率增加,光束入射角度增加以及填充因子偏离50%等情况下,标量理论的误差将逐渐增大;当光栅周期小到 5 倍波长或者光栅深度大到 5 倍波长时,标量衍射理论将不再适用[9]。

2.1.2 积分方法

积分方法是最早用于分析光栅衍射问题的严格方法[10-13],其基本特点是沿着光栅面型曲线进行等距离点取样,使光栅面型参数化,从而实现对光栅电磁场精确求解的目的。Petit 首先根据此方法计算了 TE偏振(入射波电场矢量平行于光栅刻槽)的衍射效率,Pavageau[12]于

1967 年将严格的积分方法推广到 TM 偏振(光波的磁场矢量平行于光栅刻槽)情形。随后,Zaki 等人[13]于 1971 年将该方法推广到 TM 偏振正弦轮廓的理想导体光栅情形。因为用早期的积分方法在分析金属光栅衍射(如在光栅表面上镀一层铝膜时),需要求解两个由不知函数构成的耦合积分方程组,由于计算机技术的限制,在 20 世纪六七十年代这是很难解决的,所以积分方法早期大多仅用于分析电介质光栅。

Maystre[14]在 1972 年对早期的积分方法进行了修正,修正后的积分方法只有一个包含一个未知函数的积分方程,它不仅可以适用于电介质光栅,同时也适用于金属光栅、任何刻槽形状、任何光谱范围、任意偏振态的光栅。Takakura 在 1996 年提出了一种新的积分方法[15],此积分方法采用一种特殊的保角变换将一刻蚀光栅变换成一块以平面全反镜为边界的体光栅。在分析良导体光栅的衍射问题时,对于每一种偏振采用一个 Fredholm 型积分方程来表示。这种方法的优点是计算速度比较快,缺点是对光栅共振异常很敏感,求解时容易造成方程病态。

传统的积分方法是对光栅区的介电常数函数进行傅立叶级数展开,同时对光栅面型曲线(垂直于光栅条纹方向)进行等距离取样,但它很难处理较深刻槽的光栅,有时也不能给出准确的结果。为了避免传统积分方法的缺陷,Bernd 等人提出将光栅的面型参数化的积分方程方法(也叫边界积分方程方法)[16],并对此方法给出的数值结果作了实验验证。

通常,大多数严格的光栅设计方法都采用对光栅区的介电常数进行傅立叶级数展开的处理,但这样的数学处理容易导致 TM 偏情形运算结果不收敛。虽然也有学者对光栅区的介电常数进行勒让德多项式(legendre polynomials)[17,18]展开以计算光栅的 TM 偏振衍射问题,但是如果光栅的介电常数带有突变(如阶梯函数等),用级数展开的方法计算 TM 偏振衍射问题仍然会遇到收敛性差的问题。为了提高计算的速度和收敛性,可以根据需要对光栅面型采取恰当的数学处理。比如 Li

利用对称的光栅槽形可以使计算速度提高为原来的 $1/64\sim1/4$ [19]。

　　与微分方法相比,积分方法最大的优势在于不需要光栅参数的级数展开,这就避免了算法的不稳定,但这种方法的缺陷在于处理非线性电介质光栅情形,很难用积分方程去表示。就普遍意义来讲,积分方法可以处理任何类型的光栅,在某些特例的情况下,积分方法甚至可能是唯一有效的方法。但是这种有效性是建立在复杂的数学推导、冗长的源程序、大量的计算时间和足够大的计算机内存的基础上的,这些缺点使积分方法很难处理如位相光栅、二维光栅等情形[20]。

2.1.3　微分方法

　　从数学的角度来看,微分方法的处理过程可以归为求解从 Maxwell 方程组出发并结合相应边界条件的偏微分方程组。同时,也等同于求解 Fredholm 型积分方程,即光栅计算所采用的积分方法。

　　微分方法可以分为模式方法和耦合波方法。耦合波理论和模式理论是两种已经被广泛地应用于分析和设计衍射光栅的严格方法。其基本思想是:把光栅分成若干个平行光栅层,在每一光栅层中的基本模式场通过解耦合波方程或本征方程的方法来确定,解的形式是无穷级数的截断结果,各层中的电磁场解是这些基本模式场的线性叠加,其线性叠加系数就是基本模式场的振幅系数,利用分层界面处的边界条件可得关于振幅系数的线性方程组。但是有些情形(比如 TM 偏振、多台阶、含吸收和色散情形的厚光栅)直接解该方程组将导致数值计算不稳定性,从而难以得到正确结果。倏逝波的出现是产生数值不稳定性的根源。数值计算方法的不稳定性是处理多台阶大槽深光栅问题的主要障碍。此外,模式场的级数形式解是阻碍数值精度和计算速度的重要原因。模式方法和耦合波方法都不可避免要大量、复杂的数值计算,同时,两种方法在分析大沟槽深度的光栅、金属光栅、TM 模偏振以及圆锥衍射情形时都可能遭遇数值计算不稳定的困扰。

Ⅰ. 模式方法

模式方法是指直接将光栅沟槽区的电磁场按照本征模式场展开的方式表达,然后由边界条件求出各个基本模式场的叠加系数(代表基本模式场的振幅),最后求得整个光栅区域的电磁场分布。由于基本模式场通常不能被解析表示出来,但都可以用一组完备正交函数组展开。最常用的正交函数是整数域基傅立叶函数,其本质就是平面波函数。采用这种函数的处理方法就是耦合模方法。

Tamir、Peng 和 Chu 等研究人员在 20 世纪六七十年代曾经采用模式方法对衍射光栅进行分析与研究,为光栅严格的模式方法奠定了坚实的理论基础[21-28]。Knop 曾因存储图像信息使用了矩形深沟槽蚀刻透射位相光栅,从而采用模式方法对电介质层状光栅衍射进行了分析[29]。Knop 的方法采用通过求解由光栅区介电常数傅立叶级数展开系数构成的亥姆霍兹方程组的特征值,从而确定电磁场的振幅系数。缺点是只适用于光栅周期 Λ 和波长 λ 在一定范围内($\lambda < \Lambda < 5\lambda$)以及光栅深度 d 不太大($d < 5\lambda$)的情形。同时,此方法处理较大折射率光栅时会遇到数值计算困难。为了解决这个问题,Botten 等人于 1981 年先后发表一系列的文章,采用一种新的模式方法分析电介质、有限导体、良导体层状、吸收光栅。[30,31] Tayeb 和 Petit 随后对 Botten 的方法重新系统地整理、表述,使数值计算更加稳定[32],但是这些工作都是针对光栅使用非圆锥衍射状态下得到的。

Peng 和 Li 将模式方法推广到了圆锥衍射的情况下[33,34]。但是两者的处理方法是不同的。Peng 的方法是将光栅区的电磁场分解为两个正交分量,圆锥衍射情况下光栅区模式场的特征函数分解为等同条件下非圆锥衍射光栅 TE 模和 TM 模的特征函数,但是 Peng 并没有证明组合特征函数的正交性和完备性。Li 则系统、严格地对电磁场的边界值问题予以了证明。Li方法的特点是将光栅区电磁场分解为两个正交分量,从而将求解圆锥衍射的特征值和特征函数问题简化为求解非圆锥衍射的特征值和特征函数问题,使模式方法能适用于深沟槽、任意入射角、任意偏振角的矩形电介质光栅和金属光栅[34-38]。

在实际应用中,为了达到足够的数值计算精度,在模场的级数展开中必须保留较多数量的级次。由于包含了很多级次的倏逝波,所以在方程中可能会出现很大的正、负指数的指数函数,这就常常会引起计算衍射波在每一层传播时数值计算的不稳定。Pai 和 Awada 在 1992 年也提出了一种可以计算任意面型、任意沟槽深度光栅的模式方法[8],但是Neviére 和 Popov 随后指出,Pai 和 Awada 的方法在处理大深宽比的金属光栅、TM 偏振以及圆锥衍射情形下收敛效果仍不理想[39]。Neviére 和 Popov 在 2000 年对截断的傅立叶函数进行修正,虽然表达式更为复杂,但是对于大深宽比光栅、TM 偏振以及圆锥衍射情形,计算的收敛性得到明显的改善[40]。Tan 近年来提出的"增强 R 矩阵"方法使衍射光栅的计算效率也得到较大的提高[41]。

Ⅱ. 耦合波方法

在过去的近 30 年时间里,耦合波方法一直广泛应用于各种形状的光栅分析设计中。在所有分析光栅衍射电磁波的严格理论中,由Moharam 和 Gaylord 提出并建立的严格的耦合波分析(RCWA)方法由于计算相对较为简单、通用性强、物理概念清晰等优点,因而在光栅的设计制备中得到广泛应用。

20 世纪六七十年代,Kogenlnik、Su、Magnusson、Gaylord 和 Moharam 等人先后发表了一些关于光栅耦合波方法的文章[42-48],但是这些文章采用的处理方法都是近似方法而非 RCWA,虽然在有限的情况下这些方法也经常能得出简单的解析结果,但是这些方法在有些情况下会给出完全错误的结论。

Moharam 与 Gaylord 在 20 世纪 80 年代初首次采用 RCWA 分析了平面光栅、反射光栅的衍射问题[4,49-51]，因此，Moharam 与 Gaylord 在国际上被公认为 RCWA 的创始人。

Moharam 与 Gaylord 首先将 RCWA 推广应用到表面浮雕光栅情形[5,52]，使该方法能够处理任意光栅面型、任意光栅槽深、任意入射角和任意波长的情形。1983 年，Moharam、Gaylord 和 Baird 又将 RCWA 推广到 TM 模（磁场矢量垂直于入射面）、吸收光栅等情形[53,54]，发现表面浮雕光栅的衍射效率要最大，光栅的面型必须是轴对称函数。在运用 RCWA 计算光栅的衍射效率过程中，TE 模（电场矢量垂直于入射面）情形只需要计算与相邻衍射级次之间的耦合即可，而 TM 模（磁场矢量垂直于入射面）则需要考虑与所有的衍射级次发生的耦合效应。因此，分析 TE 模的衍射特性时只需计算少数几个相邻级次就可以得到收敛的计算结果。但分析 TM 模时为了保证计算的精度必须保留较多数目的衍射级次。由于保留了较多数目的衍射级次，因而需要消耗更多的计算时间，所以在分析计算 TM 模光栅衍射情形时具有一定的局限性。

Moharam 与 Gaylord 还将 RCWA 引入三维矢量耦合波分析情形[55]，使 RCWA 可以分析任意偏振入射的平面衍射光栅。指出一般情形下（任意入射角和任意线偏振）入射时衍射光为椭圆偏振光，当光栅矢量位于入射面内时，三维矢量耦合波分析所得结果可以简化为常用的 RCWA 情形，两者所得结果一致。当发生 Bragg 衍射效应时，无吸收光栅的衍射效率甚至能够达到 100%。

1985 年，Gaylord 和 Moharam 系统地介绍了 RCWA 处理光栅衍射的理论和应用[56]。他们综述了 RCWA 的发展历程，结构严谨，推理详尽，内容覆盖面广，堪称 RCWA 的经典文献。但是，此时的 RCWA 仍面临计算效率较低的问题，也就是说，要取得精确的数值解仍需要保留较多的衍射级次。同时，在处理多台阶大槽深 TM 模金属光栅圆锥衍射情形仍面临计算结果可能不收敛的问题。1995年,Moharam等人提出了有效提高RCWA运算效率的数学表达式[57]和处理多台阶大槽深光栅衍射的"增强透射矩阵方法"[6],有效地解决了光栅衍射计算中的收敛性差的难题。但是,在处理任意方位角入射(即圆锥衍射)TM模金属光栅衍射情形时,仍存在计算效率较低、数值计算求解不够稳定的问题。Granet和Guizal[58]、Lalanne和Morris[59]、Li[60]随后对这类问题提供了几种有效的解决方法。2004年,Lee和Degertekin对多层均匀薄膜中嵌入一层光栅层的多层膜光栅结构,采用类似于多层膜的传输矩阵方法处理光栅衍射问题,取得了运算效率较高,收敛性好的结果[61]。Bucchianico等人2006年还提出了"一种更为严格的RCWA",采用依次计算反射和透射电场从而确定反射和透射级次的衍射效率,该方法收敛性好,运算效率也较高[62]。

目前,光栅理论并不是已经发展到头了,还有许多理论问题仍有待解决。另外,从实用的角度看,提高计算速度是最明显和紧迫的课题。在某些特殊应用中,现有的一维光栅计算方法的运算速度仍需提高,而二维光栅的计算方法即使在目前最先进的PC机上运行,其计算速度仍然不尽如人意。

2.2 严格的耦合波分析方法

2.2.1 一维矩形光栅

RCWA方法通过严格求解Maxwell方程组来分析周期性结构的衍射光学元件,求解过程中,由于光波的偏振态不同,微分方程组的表述形式也要发生相应的改变。对于一维矩形光栅,根据入射波的偏振特性的不同,可以将它们分解为任意偏振、TE偏振和TM偏振3种情形加以分析。

Ⅰ. 任意偏振

图 2-1 为任意偏振的光束以任意方位角 Φ 和任意入射角 θ 入射到一维矩形光栅的情况,光栅周期为 Λ,刻槽深度为 d,入射光的电场振幅矢量与入射面之间的夹角为 ψ,x 轴垂直于光栅刻槽,y 轴、z 轴的取向如图 2-1 所示。

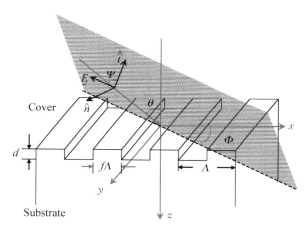

图 2-1 任意偏振的光束入射到矩形光栅情形

将图 2-1 所示光栅结构分为入射媒质(Cover)、光栅(Grating)和基底(Substrate)3 个区域,其中,入射媒质和基底为各向同性的均匀媒质,折射率分别为 n_c 和 n_s,光栅区($0<z<d$)为两种介质的周期性分布,其介电常数可用 Fourier 级数表述为

$$\varepsilon(x) = \sum_{h=-\infty}^{+\infty} e_h \exp(j\boldsymbol{K}hx) \qquad (2-1)$$

式中,$\boldsymbol{K}$ 为光栅矢量,大小为 $\boldsymbol{K}=2\pi/\Lambda$;$e_h$ 为光栅区相对介电常数的第 h 级 Fourier 分量。对于一维矩形光栅,光栅层折射率由光栅脊(Ridge)折射率 n_{rd} 和光栅刻槽(Groove)折射率 n_{gr} 交替构成,e_h 可表示为

$$e_0 = n_{rd}^2 f + n_{gr}^2 (1-f) \qquad (2-2)$$

$$e_h = (n_{rd}^2 - n_{gr}^2) \frac{\sin(\pi h f)}{\pi h} \tag{2-3}$$

在实际计算中,具体光栅结构的差别就体现在光栅深度和介电常数的展开系数上。任意周期性介电常数的展开系数只需将介电常数的具体值代入式(2-2)和式(2-3)即可求出。入射光束从入射媒质中入射,入射的归一化电场矢量为

$$\vec{E}_{inc} = \vec{u} \exp[-jk_0 n_c (\sin\theta\cos\phi x + \sin\theta\sin\phi y + \cos\theta z)] \tag{2-4}$$

式中,j 为虚单位根;k_0 为入射光束在真空中的波矢,大小为 $k_0 = 2\pi/\lambda$;$\vec{u}$ 为归一化电场矢量的振幅,由图 2-1 可以看出,它与坐标轴的夹角关系为

$$\begin{aligned} \vec{u} = &(\cos\Psi\cos\theta\cos\phi - \sin\Psi\sin\phi) \cdot \hat{x} \\ &+ (\cos\Psi\cos\theta\sin\phi + \sin\Psi\cos\phi) \cdot \hat{y} \\ &- \cos\Psi\sin\theta \cdot \hat{z} \end{aligned} \tag{2-5}$$

入射媒质的电场是入射电场和各级反射波电场的矢量叠加,基底中的电场为各级透射波电场的矢量叠加,它们可以表示为

$$\vec{E}_c = \vec{E}_{inc} + \sum_{i=-\infty}^{+\infty} \vec{R}_i \exp[-j(\boldsymbol{k}_{xi}x + \boldsymbol{k}_y y + \boldsymbol{k}_{c,zi}z)] \tag{2-6}$$

$$\vec{E}_s = \sum_{i=-\infty}^{+\infty} \vec{T}_i \exp\{-j[\boldsymbol{k}_{xi}x + \boldsymbol{k}_y y + \boldsymbol{k}_{s,zi}(z-d)]\} \tag{2-7}$$

上面两式中,$\vec{R}_i$ 是归一化的第 i 级反射波的复振幅矢量,$\vec{T}_i$ 是归一化的第 i 级透射波的复振幅矢量,波矢分量 $\boldsymbol{k}_{xi}$、$\boldsymbol{k}_{yi}$、$\boldsymbol{k}_{c,zi}$、$\boldsymbol{k}_{s,zi}$ 满足 Floquet 定理[56]:

$$\boldsymbol{k}_{xi} = \boldsymbol{k}_0 \left[n_c \sin\theta\cos\phi - i\left(\frac{2\pi}{\Lambda}\right) \right] \tag{2-8}$$

$$k_y = k_0 n_c \sin\theta \sin\phi \qquad (2-9)$$

$$k_{l,\,zi} = \begin{cases} + (k_0^2 n_l^2 - k_{xi}^2 - k_y^2)^{1/2} & k_{xi}^2 + k_y^2 \leqslant k_l^2 \\ - j(k_{xi}^2 + k_y^2 - k_0^2 n_l^2)^{1/2} & k_{xi}^2 + k_y^2 > k_l^2 \end{cases} \quad l = c,\, s \qquad (2-10)$$

入射媒质和基底中的磁场矢量可以通过麦克斯韦方程组求得。光栅层中电场矢量与磁场矢量同样可以用 Fourier 级数展开为空间谐波的叠加：

$$\vec{E}_g = \sum_{i=-\infty}^{+\infty} \boldsymbol{S}_{xi}(z)\,\hat{x} + \boldsymbol{S}_{yi}(z)\,\hat{y} + \boldsymbol{S}_{zi}(z)\,\hat{z}]\exp[-j(k_{xi}x + k_y y)]$$

$$(2-11)$$

$$\vec{H}_g = - j\left(\frac{\varepsilon_0}{\mu_0}\right)^{1/2} \sum_{i=-\infty}^{+\infty} \big[\boldsymbol{U}_{xi}(z)\,\hat{x} + \boldsymbol{U}_{yi}(z)\,\hat{y}$$

$$+ \boldsymbol{U}_{zi}(z)\,\hat{z}]\exp[-j(k_{xi}x + k_y y)] \qquad (2-12)$$

式中，ε_0 为真空介电常数；μ_0 为真空磁导率；$\boldsymbol{S}_i(z)$，$\boldsymbol{U}_i(z)$ 分别为归一化的第 i 级空间谐波的电场复振幅矢量和磁场复振幅矢量。由麦克斯韦方程组可以得到光栅层中电磁场之间的关系：

$$\nabla \times \vec{E}_g = -j\omega\mu_0\,\vec{H}g \qquad (2-13)$$

$$\nabla \times \vec{H}_g = -j\omega\varepsilon_0\varepsilon(x)\,\vec{E}_g \qquad (2-14)$$

可以将上面两式写成如下分量形式：

$$\begin{cases} \dfrac{\partial E_{gz}}{\partial y} - \dfrac{\partial E_{gy}}{\partial z} = -j\omega\mu_0 H_{gx} & \dfrac{\partial H_{gz}}{\partial y} - \dfrac{\partial H_{gy}}{\partial z} = j\omega\varepsilon_0\varepsilon(x)E_{gx} \\[3mm] \dfrac{\partial E_{gx}}{\partial z} - \dfrac{\partial E_{gz}}{\partial x} = -j\omega\mu_0 H_{gy} & \dfrac{\partial H_{gx}}{\partial z} - \dfrac{\partial H_{gz}}{\partial x} = j\omega\varepsilon_0\varepsilon(x)E_{gy} \\[3mm] \dfrac{\partial E_{gy}}{\partial x} - \dfrac{\partial E_{gx}}{\partial y} = -j\omega\mu_0 H_{gz} & \dfrac{\partial H_{gy}}{\partial x} - \dfrac{\partial H x}{\partial y} = j\omega\varepsilon_0\varepsilon(x)E_{gz} \end{cases}$$

$$(2-15)$$

将电场矢量、磁场矢量、介电常数的表达式代入式(2-15)的 6 个分量方程中,可以简化得到:

$$\frac{\partial S_{yi}(z)}{\partial z} = k_0 U_{xi}(z) - j k_y S_{zi}(z)$$

$$(2-16)$$

$$\frac{\partial U_{yi}(z)}{\partial z} = k_0 \sum_{h=-\infty}^{+\infty} e_h S_{x,\,i-h}(z) - j k_y U_{zi}(z)$$

$$\frac{\partial S_{xi}(z)}{\partial z} = -k_0 U_{yi}(z) - j k_{xi} S_{zi}(z)$$

$$(2-17)$$

$$\frac{\partial U_{xi}(z)}{\partial z} = k_0 \sum_{h=-\infty}^{+\infty} e_h S_{y,\,i-h}(z) - j k_{xi} U_{zi}(z)$$

$$U_{zi}(z) = j \frac{k_{xi}}{k_0} S_{yi}(z) - j \frac{k_y}{k_0} S_{xi}(z)$$

$$(2-18)$$

$$\sum_{h=-\infty}^{+\infty} e_h S_{z,\,i-h}(z) = j \frac{k_{xi}}{k_0} U_{yi}(z) - j \frac{k_y}{k_0} U_{xi}(z)$$

为便于运算,可以将式(2-16)、式(2-17)和式(2-18)用矩阵方程组来表示:

$$
\begin{cases}
\dot{S}_y = k_0 U_x - j K_y S_z & \dot{U}_y = k_0 E S_x - j K_y U_Z \\
\dot{S}_x = -k_0 U_y - j K_x S_z & \dot{U}_y = -k_0 E S_y - j K_x U_Z \\
E S_z = j \dfrac{K_x}{k_0} U_y - j \dfrac{K_y}{k_0} U_x & U_z = j \dfrac{K_x}{k_0} S_y - j \dfrac{K_y}{k_0} S_x
\end{cases}
$$

$$(2-19)$$

上式中共有 6 组方程,每一组都包含 N 个方程,N 为计算过程当中所选取的衍射级次数目,式(2-19)是严格的而非近似的表述形式。但是,在实际计算过程中,N 不能取无穷大而是一个有限大小的数值,这就导致截断误差的产生。N 的值越大截断误差就越小,反之截断误差就越大。计算过程中为了保证计算结果的准确性,N 的值应该尽可能地大,因为计算结果的准确程度正是依赖于 N 的取值大小。然而,N 的值越大,就会耗费更多的计算时间。同时,在求解衍射光栅问题时,计算收敛性是至关重要的,计算的收敛与否决定了计算结果的精度,而计算收敛性的提高,可以使计算工作量减少,从而提高计算处理的速度。因此,在实际计算过程中,应尽可能保持好计算结果的精度和计算收敛性这两个重要因素的平衡,在保障计算结果精度的前提下,选取足够小的 N 值从而达到节省计算时间的目的。

式(2-19)中,K_x 和 K_y 分别为一 N 维对角阵,相应的对角元分别为 k_{xi}/k_0 和 k_y。E 为一 N 维 Toeplitz 矩阵[63,64],其矩阵元素为光栅介电常数的各级 Fourier 分量。各个矩阵的行向量和列向量分别为

$$
\boldsymbol{K}_x =
\begin{bmatrix}
\cdots & \cdots & \cdots & \cdots & \cdots & \cdots & \cdots \\
\cdots & k_{x,-2}/k_0 & 0 & 0 & 0 & 0 & \cdots \\
\cdots & 0 & k_{x,-1}/k_0 & 0 & 0 & 0 & \cdots \\
\cdots & 0 & 0 & k_{x,0}/k_0 & 0 & 0 & \cdots \\
\cdots & 0 & 0 & 0 & k_{x,1}/k_0 & 0 & \cdots \\
\cdots & 0 & 0 & 0 & 0 & k_{x,2}/k_0 & \cdots \\
\cdots & \cdots & \cdots & \cdots & \cdots & \cdots & \cdots
\end{bmatrix}
\tag{2-20}
$$

$$
\boldsymbol{K}_y =
\begin{bmatrix}
\cdots & \cdots & \cdots & \cdots & \cdots & \cdots & \cdots \\
\cdots & k_y & 0 & 0 & 0 & 0 & \cdots \\
\cdots & 0 & k_y & 0 & 0 & 0 & \cdots \\
\cdots & 0 & 0 & k_y & 0 & 0 & \cdots \\
\cdots & 0 & 0 & 0 & k_y & 0 & \cdots \\
\cdots & 0 & 0 & 0 & 0 & k_y & \cdots \\
\cdots & \cdots & \cdots & \cdots & \cdots & \cdots & \cdots
\end{bmatrix}
\tag{2-21}
$$

$$
\boldsymbol{E} = \begin{bmatrix}
\cdots & \cdots & \cdots & \cdots & \cdots & \cdots & \cdots \\
\cdots & e_0 & e_{-1} & e_{-2} & e_{-3} & e_{-4} & \cdots \\
\cdots & e_1 & e_0 & e_{-1} & e_{-2} & e_{-3} & \cdots \\
\cdots & e_2 & e_1 & e_0 & e_{-1} & e_{-2} & \cdots \\
\cdots & e_3 & e_2 & e_1 & e_0 & e_{-1} & \cdots \\
\cdots & e_4 & e_3 & e_2 & e_1 & e_0 & \cdots \\
\cdots & \cdots & \cdots & \cdots & \cdots & \cdots & \cdots
\end{bmatrix}
\tag{2-22}
$$

$$
\dot{S}_y = \begin{bmatrix} \cdots & \dfrac{\partial S_{y,-2}}{\partial z} & \dfrac{\partial S_{y,-1}}{\partial z} & \dfrac{\partial S_{y,0}}{\partial z} & \dfrac{\partial S_{y,1}}{\partial z} & \dfrac{\partial S_{y,2}}{\partial z} & \cdots \end{bmatrix}^{-1}
\tag{2-23}
$$

$$
\dot{S}_x = \begin{bmatrix} \cdots & \dfrac{\partial S_{x,-2}}{\partial z} & \dfrac{\partial S_{x,-1}}{\partial z} & \dfrac{\partial S_{x,0}}{\partial z} & \dfrac{\partial S_{x,1}}{\partial z} & \dfrac{\partial S_{x,2}}{\partial z} & \cdots \end{bmatrix}^{-1}
\tag{2-24}
$$

$$
\dot{S}_z = \begin{bmatrix} \cdots & S_{z,-2} & S_{z,-1} & S_{z,0} & S_{z,1} & S_{z,2} & \cdots \end{bmatrix}^{-1}
\tag{2-25}
$$

$$
\dot{U}_y = \begin{bmatrix} \cdots & \dfrac{\partial U_{y,-2}}{\partial z} & \dfrac{\partial S_{y,-1}}{\partial z} & \dfrac{\partial S_{y,0}}{\partial z} & \dfrac{\partial S_{y,1}}{\partial z} & \dfrac{\partial S_{y,2}}{\partial z} & \cdots \end{bmatrix}^{-1}
\tag{2-26}
$$

$$
\dot{U}_x = \begin{bmatrix} \cdots & \dfrac{\partial U_{x,-2}}{\partial z} & \dfrac{\partial U_{x,-1}}{\partial z} & \dfrac{\partial U_{x,0}}{\partial z} & \dfrac{\partial U_{x,1}}{\partial z} & \dfrac{\partial U_{x,2}}{\partial z} & \cdots \end{bmatrix}^{-1}
\tag{2-27}
$$

$$
U_z = \begin{bmatrix} \cdots & U_{z,-2} & U_{z,-1} & U_{z,0} & U_{z,1} & U_{z,2} & \cdots \end{bmatrix}^{-1}
\tag{2-28}
$$

消去式(2-19)中的 E_z、U_z，可以把 $\dot{S}_y$、$\dot{U}_y$、$\dot{S}_x$、$\dot{U}_x$ 合并写成矩阵方程的形式：

$$
\begin{bmatrix} \dot{S}_x \\ \dot{S}_y \\ \dot{U}_x \\ \dot{U}_y \end{bmatrix} =
\begin{bmatrix}
0 & 0 & -\dfrac{K_x E^{-1} K_y}{k_0} & \dfrac{K_x E^{-1} K_x - k_0^2}{k_0} \\[2mm]
0 & 0 & \dfrac{k_0^2 - K_y E^{-1} K_y}{k_0} & \dfrac{K_y E^{-1} K_x}{k_0} \\[2mm]
-\dfrac{K_x K_y}{k_0} & \dfrac{K_x^2 - k_0^2 E}{k_0} & 0 & 0 \\[2mm]
\dfrac{k_0^2 E - K_y^2}{k_0} & \dfrac{K_x K_y}{k_0} & 0 & 0
\end{bmatrix}
\times
\begin{bmatrix} S_x \\ S_y \\ U_x \\ U_y \end{bmatrix}
$$

$$(2-29)$$

式 $(2-29)$ 为 $4N \times 4N$ 的一阶偏微分方程组,通过求解方程组右边系数矩阵的特征值和特征向量可以确定电场矢量振幅 S 和磁场矢量振幅 U 的大小。但是由于系数矩阵也是一个 $4N \times 4N$ 的方阵,计算量比较大。为减少计算量,可以将方程式 $(2-29)$ 继续简化,两边同时对 z 求导,消去 S 或者 U 从而得到下面两组等价的方程,实际计算时可以对它们分别求解。即:

$$
\begin{bmatrix} \ddot{S}_y \\ \ddot{S}_x \end{bmatrix} =
\begin{bmatrix}
K_x^2 + K_y^2 - k_0^2 E & K_y E^{-1} K_x E - K_x K_y \\
K_x K_y - K_y K_x & K_x E^{-1} K_x E - k_0^2 E + K_y^2
\end{bmatrix}
\begin{bmatrix} S_y \\ S_x \end{bmatrix}
$$

$$(2-30)$$

$$
\begin{bmatrix} \ddot{U}_y \\ \ddot{U}_x \end{bmatrix} =
\begin{bmatrix}
K_y^2 - k_0^2 E + E K_x E^{-1} K_x & K_y K_x - E K_x E^{-1} K_y \\
K_x K_y - K_y K_x & K_x^2 + K_y^2 - k_0^2 E
\end{bmatrix}
\begin{bmatrix} U_y \\ U_x \end{bmatrix}
$$

$$(2-31)$$

这样,式 $(2-29)$ 的 $4N \times 4N$ 矩阵就简化为两个 $2N \times 2N$ 的矩阵,运算量大约降低一半。但是计算量仍然比较大,因此仍然需要进一步变换。注意到式 $(2-21)$ K_y 为一对角元为常数 k_y 的对角阵,因此,K_y 在矩阵乘法中的位置是可以任意交换的。改变式(2-30)、式(2-31)中矩阵 K_y 的位置,上面两式还可以进一步化简为

$$\ddot{S}_x = (K_y^2 + K_x E^{-1} K_x E - k_0^2 E) S_x \qquad (2-32)$$

$$\ddot{U}_x = (K_y^2 + K_x^2 - k_0^2 E) U_x \qquad (2-33)$$

这样,Maxwell 方程组的求解就转化为求解式(2-32)和式(2-33),通过求解这两式可以得到 S_x 和 U_x,代入式(2-29)可以得到 S_y 和 U_y,从而确定光栅中电磁场的振幅大小,运算时间大为节省。但是,求解式(2-32)和式(2-33)仍需进一步作变换,这里需引入两个辅助矩阵 A 和 B:

$$A = K_x^2 - k_0^2 E \qquad B = K_x E^{-1} K_x - k_0^2 \qquad (2-34)$$

假定 W_s 为矩阵 $BE + K_y K_y$ 的特征值和特征向量矩阵,W_u 为矩阵 $AE + K_y K_y$ 的特征向量矩阵,Q 是以矩阵 $BE + K_y K_y$ 特征值的平方根为对角元素组成的对角阵,Q_u 是以矩阵 $AE + K_y K_y$ 特征值的平方根为对角元素组成的对角阵。那么,从数学的角度上讲,式(2-32)和式(2-33)形式上完全相同,解的表达形式也一样。由于式(2-32)和式(2-33)处理方法的相似性,这里仅考虑式(2-32)的求解过程,而式(2-33)也可以采用类似方法处理。

一般而言,矩阵 $BE + K_y K_y$ 的特征向量矩阵将构成一组完备的基函数,相应的列向量 S_x 可以用 $BE + K_y K_y$ 的特征向量表示为

$$S_x = \sum_n C_n(z) \omega_{sn} \qquad (2-35)$$

$C_n(z)$ 为待定系数,是一个关于 z 的函数,ω_{sn} 为矩阵 $BE + K_y K_y$ 的特征向量矩阵,所有的特征向量组成 W_s。将式(2-35)代入式(2-32)可以得到:

$$\sum_n \ddot{C}_n(z)\omega_{sn} = \sum_n C_n(z)(BE+K_y^2)\omega_{sn}$$

$$= \sum_n C_n(z)\lambda_n\omega_{sn} \qquad (2-36)$$

λ_n 为矩阵 $BE+K_yK_y$ 的特征向量 ω_{sn} 的特征值,去掉求和符号可以得到其解的一般形式:

$$C_n(z) = C_{sn}^+ \exp[\sqrt{\lambda_{sn}}(z-d)] + C_{sn}^- \exp[\sqrt{\lambda_{sn}}(-z)] \qquad (2-37)$$

将式(2-37)代入式(2-35),得到:

$$S_x = \sum_n \{C_{sn}^+ \exp[\sqrt{\lambda_{sn}}(z-d)] + C_{sn}^- \exp[\sqrt{\lambda_{sn}}(-z)]\}\omega_{sn} \quad (2-38)$$

这里,式(2-37)和式(2-38)中指数函数的表述形式能够保证在随后进行的边界条件求解时指数部分不为正数,从而有效地避免了对矩阵求逆时数值溢出现象,有利于克服计算过程中矩阵病态,取得收敛的计算结果。采用同样的步骤可以得到 $U_x(z)$ 的解的一般形式:

$$U_x = \sum_n \{C_{un}^+ \exp[\sqrt{\lambda_{un}}(z-d)] + C_{un}^- \exp[\sqrt{\lambda_{un}}(-z)]\}\omega_{un}$$

$$(2-39)$$

将式(2-38)和式(2-39)写成矩阵形式:

$$S_x = W_s X_s^{z-d} C_s^+ + W_s X_s^{-z} C_s^- \qquad (2-40)$$

$$U_x = W_u X_u^{z-d} C_u^+ + W_u X_u^{-z} C_u^- \qquad (2-41)$$

以上两式中 C_s^+、C_s^-、C_u^+、C_u^- 分别为待定系数 C_{sn}^+、C_{sn}^-、C_{un}^+、C_{un}^- 组成的列向量,X_s^{z-d}、X_s^{-z}、X_u^{z-d}、X_u^{-z} 都为对角阵,其对角元分别为 $\exp[\sqrt{\lambda_{sn}}(z-d)]$、$\exp[\sqrt{\lambda_{sn}}(-z)]$、$\exp[\sqrt{\lambda_{un}}(z-d)]$、$\exp[\sqrt{\lambda_{un}}(-z)]$。将式(2-40)和式(2-41)代入式(2-38)式(2-39)可以求出 U_y

和 S_y：

$$S_y = k_0 V_{11} X_u^{z-d} C_u^+ - k_0 V_{11} X_u^{-z} C_u^- + V_{12} X_s^{z-d} C_s^+ + V_{12} X_s^{-z} C_s^-$$

$$(2-42)$$

$$U_y = k_0 V_{21} X_s^{z-d} C_s^+ - k_0 V_{21} X_s^{-z} C_s^- + V_{22} X_u^{z-d} C_u^+ + V_{22} X_u^{-z} C_u^-$$

$$(2-43)$$

其中，矩阵 V_{11}、V_{12}、V_{21}、V_{22} 分别为

$$V_{11} = A^{-1} W_u Q_u \quad V_{12} = A^{-1} K_x K_y W_s$$

$$(2-44)$$

$$V_{21} = B^{-1} W_s Q_s \quad V_{22} = B^{-1} K_x K_y E^{-1} W_u$$

至此，光栅中电场矢量和磁场矢量通过式（2-42）和式（2-43）可以求出，但是仍有一些常数尚需确定，这些待定常数可以通过引入电磁场的边值关系来确定。在入射媒质和光栅层的界面以及基底和光栅层的界面处，根据电场矢量与磁场矢量在界面处切向分量的连续性，可得：

$$\begin{cases} E_{c,x}|_{z=0} = E_{g,x}|_{z=0} \quad & E_{c,y}|_{z=0} = E_{g,y}|_{z=0} \\ H_{c,x}|_{z=0} = H_{g,x}|_{z=0} \quad & H_{c,y}|_{z=0} = H_{g,y}|_{z=0} \end{cases} \quad (2-45)$$

$$\begin{cases} E_{s,x}|_{z=d} = E_{g,x}|_{z=d} \quad & E_{s,y}|_{z=d} = E_{g,y}|_{z=d} \\ H_{s,x}|_{z=d} = H_{g,x}|_{z=d} \quad & H_{s,y}|_{z=d} = H_{g,y}|_{z=d} \end{cases} \quad (2-46)$$

将入射媒质和光栅层这两个区域的电磁场矢量表达式（2-6）、式（2-11）和式（2-12）代入式（2-45），得到两者交界面上的边界条件方程为

$$E_{incx}|_{z=0} = \sum_{i=-\infty}^{+\infty} [S_{xi}(0) - R_{xi}] \exp[-j(k_{xi}x + k_y y)]$$

$$(2-47)$$

$$E_{incy} \big|_{z=0} = \sum_{i=\infty}^{+\infty} [S_{yi}(0) - R_{yi}] \exp[-j(k_{xi}x + k_y y)]$$

$$(2-48)$$

$$\left(\frac{\partial E_{incz}}{\partial y} - \frac{\partial E_{incy}}{\partial z} \right)_{z=0}$$

$$= \sum_{i=-\infty}^{+\infty} [jk_y R_{zi} - jk_{c,zi} R_{yi} - k_0 U_{xi}(0)] \exp[-j(k_{xi}x + k_y y)]$$

$$(2-49)$$

$$\left(\frac{\partial E_{incx}}{\partial z} - \frac{\partial E_{incz}}{\partial x} \right)_{z=0}$$

$$= \sum_{i=-\infty}^{+\infty} [jk_{c,zi} R_{xi} - jk_{xi} R_{zi} - k_0 U_{yi}(0)] \exp[-j(k_{xi}x + k_y y)]$$

$$(2-50)$$

将基底和光栅层这两个区域的电磁场矢量表达式(2-7)、式(2-11)和式(2-12)代入式(2-46),得到两者交界面上的边界条件方程为

$$E_{s,x} \big|_{z=d} = \sum_{i=-\infty}^{+\infty} [T_{xi} - S_{xi}(d)] \exp[-j(k_{xi}x + k_y y)]$$

$$(2-51)$$

$$E_{s,y} \big|_{z=d} = \sum_{i=-\infty}^{+\infty} [T_{yi} - S_{yi}(d)] \exp[-j(k_{xi}x + k_y y)]$$

$$(2-52)$$

$$\left(\frac{\partial E_{s,z}}{\partial y} - \frac{\partial E_{s,y}}{\partial z} \right)_{z=d}$$

$$= \sum_{i=-\infty}^{+\infty} [jk_{s,zi} T_{yi} - jk_y T_{zi} + k_0 U_{xi}(d)] \exp[-j(k_{xi}x + k_y y)]$$

$$(2-53)$$

$$\left(\frac{\partial E_{s,x}}{\partial z} - \frac{\partial E_{s,z}}{\partial x}\right)_{z=d}$$

$$= \sum_{i=-\infty}^{+\infty} \left[jk_{xi}T_{zi} - jk_{s,zi}T_{xi} + k_0 U_{yi}(d)\right] \exp\left[-j(k_{xi}x + k_y y)\right]$$

$$(2-54)$$

将入射光波的电场矢量转化为一个求和式以便于简化运算：

$$\vec{E}_{inc} = \vec{u} \sum_{i=-\infty}^{+\infty} \delta_{i0} \exp\left[-j(k_{xi}x + k_y y + k_{c,zi}z)\right] \quad (2-55)$$

其中：

$$\delta_{i0} = \begin{cases} 0 & (i \neq 0) \\ 1 & (i = 0) \end{cases} \quad (2-56)$$

显然式(2-55)实际上只有一项求和式，即 $i=0$ 这一项。这样，边界条件方程组式(2-47)—式(2-54)可以化简得到如下一组方程，用矩阵形式表示为

$$\begin{cases} u_x \delta_{i0} + R_x - S_x(0) = 0 \\ u_y \delta_{i0} + R_y - S_y(0) = 0 \\ j(u_y K_{c,z} - u_z K_y)\delta_{i0} + jK_{c,z}R_y - jK_y R_z + k_0 U_x(0) = 0 \\ j(u_z K_x - u_x K_{c,z})\delta_{i0} + jK_x R_z - jK_{c,z}R_x + k_0 U_y(0) = 0 \\ T_x - S_x(d) = 0 \\ T_y - S_y(d) = 0 \\ jK_y T_z - jK_{s,z}T_y - k_0 U_x(d) = 0 \\ jK_{s,z}T_x - jK_x T_z - k_0 U_y(d) = 0 \end{cases}$$

$$(2-57)$$

上式中,$K_{c,z}$ 和 $K_{s,z}$ 是对角矩阵,其对角元分别为 $k_{c,zi}$ 和 $k_{s,zi}$。方程组式(2-57)中有 T_x、T_y、T_z、R_x、R_y、R_z、C_s^+、C_s^-、C_u^+、C_u^- 共 10 组未知量,尚需两组方程才能够完全求出。可以在入射媒质和基底区域中利用电场矢量与光波矢量的正交条件得到:

$$\begin{cases} K_x R_x + K_y R_y + K_{c,z} R_z = 0 \\ K_x T_x + K_y T_y + K_{s,z} T_z = 0 \end{cases} \tag{2-58}$$

此时,衍射光栅的电磁场振幅矢量的求解就转化为线性方程组式(2-57)、式(2-58)的求解问题。这两个方程组可以采用选主元 Gauss 消去法[65]求解获得,求出 R 和 T 可以得到各级衍射级次的衍射效率。

衍射效率是指衍射到给定级次的单色光与入射单色光的比值,它是衍射光栅的一个重要的物理参量,各级衍射级次的衍射效率大小表征光栅是否达到预期的设计目标。第 i 级衍射光的衍射效率定义为该级衍射光束能量与入射光束能量之比,也就是第 i 级衍射光束与入射光束的能流密度之比:

$$DE_i = \frac{\mathrm{Re}(\vec{E}_i \times \vec{H}_i^* \cdot \hat{z})}{\mathrm{Re}(\vec{E}_{inc} \times \vec{H}_{inc}^* \cdot \hat{z})} \tag{2-59}$$

式中,$\vec{E}_i$、$\vec{H}_i$ 为第 i 级衍射光束电场矢量和磁场矢量,$\vec{E}_{inc}$、$\vec{H}_{inc}$ 为入射光束的电场矢量和磁场矢量,上标 * 为相应复数的共轭复数。将各个物理参数代入式(2-59)即可求出相应级次的衍射效率。

入射光束的能量为

$$\mathrm{Re}(\vec{E}_{inc} \times \vec{H}_{inc}^* \cdot \hat{z}) = \mathrm{Re}(E_{incx} H_{incy}^* - E_{incy} H_{incx}^*)$$
$$= \mathrm{Re}\left[\frac{1}{-j\omega\mu_0}\left(\frac{E_{incx}\partial E_{incx}^*}{\partial z} - \frac{E_{incx}\partial E_{incz}^*}{\partial x}\right.\right.$$
$$\left.\left. - \frac{E_{incy}\partial E_{incz}^*}{\partial y} + \frac{E_{incy}\partial E_{incy}^*}{\partial z}\right)\right]$$

$$= \mathrm{Re}\Big[\frac{k_c}{\omega\mu_0}(\cos\theta \cdot u_x^2 - \sin\theta\cos\phi \cdot u_x u_z$$

$$- \sin\theta\sin\phi \cdot u_y u_z + \cos\theta \cdot u_y^2)\Big]$$

$$= \frac{k_c\cos\theta}{\omega\mu_0} \qquad\qquad (2-60)$$

第 i 级反射光束能量为

$$\mathrm{Re}(\vec{E}_i \times \vec{H}_i^* \cdot \hat{z}) = \mathrm{Re}(E_{i,x}H_{i,y}^* - E_{i,y}H_{i,x}^*)$$

$$= \mathrm{Re}\Big[\frac{1}{-j\omega\mu_0}\Big(\frac{E_{i,x}\partial E_{i,x}^*}{\partial z} - \frac{E_{i,x}\partial E_{i,z}^*}{\partial x}$$

$$- \frac{E_{i,y}\partial E_{i,z}^*}{\partial y} + \frac{E_{i,y}\partial E_{i,y}^*}{\partial z}\Big)\Big]$$

$$= \mathrm{Re}\Big[\frac{1}{\omega\mu_0}(k_{c,zi}\,|R_{i,x}|^2 - k_{xi}R_{i,x}R_{i,z}^*$$

$$- k_y R_{i,y}R_{i,z}^* + k_{c,zi}\,|R_{i,y}|^2)\Big]$$

$$= (|R_{i,x}|^2 + |R_{i,y}|^2 + |R_{i,z}|^2)\frac{\mathrm{Re}(k_{c,zi})}{\omega\mu_0} \qquad (2-61)$$

第 i 级透射光束能量为

$$\mathrm{Re}(\vec{E}_i \times \vec{H}_i^* \cdot \hat{z}) = \mathrm{Re}(E_{i,x}H_{i,y}^* - E_{i,y}H_{i,x}^*)$$

$$= \mathrm{Re}\Big[\frac{1}{-j\omega\mu_0}\Big(\frac{E_{i,x}\partial E_{i,x}^*}{\partial z} - \frac{E_{i,x}\partial E_{i,z}^*}{\partial x}$$

$$- \frac{E_{i,y}\partial E_{i,z}^*}{\partial y} + \frac{E_{i,y}\partial E_{i,y}^*}{\partial z}\Big)\Big]$$

$$= \text{Re}\left[\frac{1}{\omega\mu_0}(k_{s,zi}\mid T_{i,x}\mid^2 - k_{xi}T_{i,x}T_{i,z}^*\right.$$

$$\left. - k_y T_{i,y}T_{i,z}^* + k_{s,zi}\mid T_{i,y}\mid^2)\right]$$

$$= (\mid T_{i,x}\mid^2 + \mid T_{i,y}\mid^2 + \mid T_{i,z}\mid^2)\frac{\text{Re}(k_{s,zi})}{\omega\mu_0} \quad (2-62)$$

第 i 级反射光的衍射效率 DE_{ri} 和第 i 级透射光的衍射效率 DE_{ti} 为

$$DE_{ri} = \text{Re}\left(\frac{k_{c,zi}}{k_c\cos\theta}\right)(\mid R_{i,x}\mid^2 + \mid R_{i,y}\mid^2 + \mid R_{i,z}\mid^2) \quad (2-63)$$

$$DE_{ti} = \text{Re}\left(\frac{k_{s,zi}}{k_s\cos\theta}\right)(\mid T_{i,x}\mid^2 + \mid T_{i,y}\mid^2 + \mid T_{i,z}\mid^2) \quad (2-64)$$

对于无吸收媒质，根据能量守恒定律，所有衍射级次的衍射效率之和应为 1，也就是：

$$\sum_{i=-\infty}^{+\infty}(DE_{ri} + DE_{ti}) = 1 \quad (2-65)$$

在实际计算中，能量守恒定律是判定计算结果准确性的一个有效手段。对于无吸收媒质，当计算结果不满足式(2-65)时，计算结果肯定是错误的，但这并不意味着能量守恒定律得到满足时计算结果就一定正确，这是因为截断误差较大时能量守恒定律仍然可能是成立的。因此，对无吸收媒质，能量守恒定律是判断光栅衍射效率计算结果准确性的必要条件而非充分条件。

Ⅱ. TE 模

光是一种横波，光的偏振性是光的横波性的最直接、最有力的证据。一般情况下，入射光束都是以某种特殊的偏振态出现在光栅系统中。当入射光束电场矢量垂直入射平面时，称之为 TE 模；当磁场矢量垂直入射平面时,称之为 TM 模。

对图 2-1 中所示的光栅结构,当 $\Psi=90°$ 时,入射光束为 TE 模。这里,为了便于处理,我们仅讨论入射面位于 xz 平面内的情形,此时 $\Phi=0°$,入射光束的电场矢量只有 y 方向有分量。由式(2-4),得到入射光束的电场矢量表达式为

$$\vec{E}_{inc} = E_{incy}\,\hat{y} = \exp[-jk_0 n_c(\sin\theta x + \cos\theta z)] \qquad (2-66)$$

入射媒质和基底中电场矢量同样也只有 y 分量,分别为

$$\vec{E}_{c,\,y} = E_{incy} + \sum_{i=-\infty}^{+\infty} R_i \exp[-j(k_{xi}x + k_{c,\,zi}z)] \qquad (2-67)$$

$$\vec{E}_{s,\,y} = \sum_{i=-\infty}^{+\infty} T_i \exp\{-j[k_{xi}x + k_{s,\,zi}(z-d)]\} \qquad (2-68)$$

上面两式中,R_i 和 T_i 分别表示归一化的电场反射振幅和透射振幅,$k_{c,\,zi}$ 和 $k_{s,\,zi}$ 分别为入射媒质和基底中第 i 级衍射光波波矢的 z 分量,它们满足:

$$k_{xi} = -k_0 n_c \sin\theta - i\frac{2\pi}{\Lambda} \qquad (2-69)$$

$$k_{l,\,zi} = \begin{cases} +(k_0^2 n_l^2 - k_{xi}^2)^{1/2} & k_{xi}^2 \leqslant k_l^2 \\ -j(k_{xi}^2 - k_0^2 n_l^2)^{1/2} & k_{xi}^2 \leqslant k_l^2 \end{cases} \quad l=c,\,s \quad (2-70)$$

这里,光栅层中电场矢量需要通过求解麦克斯韦方程组来得到。由于入射光束为 TE 模,因而在入射媒质、光栅层和基底这 3 个区域中都只有 y 方向的电场分量,且由于 x、z 方向的磁场不为 0,其他电磁场分量都为 0,这样麦克斯韦方程组就可以简化为只包含 3 个分量的方程组:

$$\begin{cases} \dfrac{\partial E_{gy}}{\partial z} = j\omega\mu_0 H_{gx} \\[3mm] \dfrac{\partial H_{gx}}{\partial z} - \dfrac{\partial H_{gz}}{\partial x} = j\omega\varepsilon_0\varepsilon(x)E_{gy} \\[3mm] \dfrac{\partial E_{gy}}{\partial x} = -j\omega\mu_0 H_{gz} \end{cases} \qquad (2-71)$$

光栅层中电场矢量的 y 分量与磁场矢量的 x 分量可以用 Fourier 级数展开为空间谐波的叠加:

$$E_{gy} = \sum_{i=-\infty}^{+\infty} S_{yi}(z)\exp(-jk_{xi}x) \qquad (2-72)$$

$$H_{gx} = -j\left(\frac{\varepsilon_0}{\mu_0}\right)^{1/2} \sum_{i=-\infty}^{+\infty} U_{xi}(z)\exp(-jk_{xi}x) \qquad (2-73)$$

将式(2-1)、式(2-72)和式(2-73)代入式(2-71),消去 H_{gz} 项,可得:

$$\frac{\partial S_{yi}(z)}{\partial z} = k_0 U_{xi}(z) \qquad (2-74)$$

$$\frac{\partial U_{xi}(z)}{\partial z} = \frac{k_{xi}^2}{k_0}S_{yi}(z) - k_0\sum_{h=-\infty}^{+\infty} e_h S_{yi-h}(z) \qquad (2-75)$$

将式(2-74)、式(2-75)写成矩阵形式:

$$\begin{bmatrix} \dfrac{\partial S_{yi}(z)}{\partial z} \\[4mm] \dfrac{\partial U_{xi}(z)}{\partial z} \end{bmatrix} = \begin{bmatrix} 0 & k_0 I \\[3mm] \dfrac{A}{k_0} & 0 \end{bmatrix} \times \begin{bmatrix} S_{yi}(z) \\[3mm] U_{xi}(z) \end{bmatrix} \qquad (2-76)$$

式中 $A = K_x^2 - k_0^2 E$,与式(2-34)所定义的辅助矩阵 A 相同。两边同时对 z 求导,消去 U_{xi},得到:

$$\frac{\partial^2 S_{yi}(z)}{\partial z^2} = A S_{yi}(z) \qquad (2-77)$$

式（2-77）的解形式上同式（2-32）、式（2-33）相同，S_y 的解的一般形式同样可以用 A 的特征值和特征向量表示为

$$S_y(z) = \sum_n \{ C_n^+ \exp[\sqrt{\lambda_n}(z-d)] + C_n^- \exp[\sqrt{\lambda_n}(-z)] \} \omega_n \qquad (2-78)$$

式中，λ_n 为矩阵 A 的特征值，ω_n 为相应的特征向量。将式（2-78）两边对 z 求导，代入式（2-74），得到：

$$U_x(z) = \frac{1}{k_0} \sum_n \{ \sqrt{\lambda_n} C_n^+ \exp[\sqrt{\lambda_n}(z-d)] $$
$$ + \sqrt{\lambda_n} C_n^- \exp[\sqrt{\lambda_n}(-z)] \} \omega_n \qquad (2-79)$$

将式（2-78）和式（2-79）写成矩阵形式：

$$S_y = WX^{z-d}C_n^+ + WX^{-z}C_n^- \qquad (2-80)$$

$$U_x = \frac{1}{k_0}WQX^{z-d}C_n^+ - \frac{1}{k_0}WQX^{-z}C_n^- \qquad (2-81)$$

其中，W 是 A 的特征向量矩阵，Q 是一对角阵，其对角元为 A 的特征值的平方根，X 也是对角矩阵，其对角元分别为

$$\boldsymbol{X}^{z-d} = \begin{bmatrix} \cdots & \cdots & \cdots & \cdots & \cdots \\ \cdots & \exp[\sqrt{\lambda_{-1}}(z-d)] & 0 & 0 & \cdots \\ \cdots & 0 & \exp[\sqrt{\lambda_0}(z-d)] & 0 & \cdots \\ \cdots & 0 & 0 & \exp[\sqrt{\lambda_1}(z-d)] & \cdots \\ \cdots & \cdots & \cdots & \cdots & \cdots \end{bmatrix}$$

$$(2-82)$$

$$\boldsymbol{X}^{-z} = \begin{bmatrix} \cdots & \cdots & \cdots & \cdots & \cdots \\ \cdots & \exp\left[\sqrt{\lambda_{-1}}(-z)\right] & 0 & 0 & \cdots \\ \cdots & 0 & \exp\left[\sqrt{\lambda_0}(-z)\right] & 0 & \cdots \\ \cdots & 0 & 0 & \exp\left[\sqrt{\lambda_1}(-z)\right] & \cdots \\ \cdots & \cdots & \cdots & \cdots & \cdots \end{bmatrix}$$

$$(2-83)$$

在入射媒质、光栅层和基底这 3 个区域中,由于电场仅有 y 分量,而磁场的 y 分量为 0,所以边界条件方程式(2-45)和式(2-46)中 E_{cx}、E_{gx}、E_{sx}、H_{cy}、H_{gy}、H_{sy} 项均为 0。将式(2-80)、式(2-81)代入式(2-45)、式(2-46),得:

$$\begin{cases} \delta_{i0} + R = WX^{-d}C^+ + WC^- \\ jk_c\cos\theta\delta_{i0} + jK_{c,z}R = WQC^- - WQX^{-d}C^+ \\ WC^+ + WX^{-d}C^- = T \\ WQX^{-d}C^- - WQC^+ = jK_{s,z}T \end{cases} \quad (2-84)$$

式(2-84)中只有 4 组未知量,即 R、T、C^+、C^-。这些物理参量同样可以采用选主元 Gauss 消去法求解获得,求出 R 和 T 可以得到各级衍射级次的衍射效率。

此时,入射光束能量为

$$\mathrm{Re}\,(\vec{E}_{inc} \times \vec{H}_{inc}^* \cdot \hat{z})$$

$$= -\mathrm{Re}(E_{incy}H_{incx}^*) = \frac{k_c\cos\theta}{\omega\mu_0} \quad (2-85)$$

第 i 级反射光束能量为

$$\text{Re}\,(\vec{E}_i \times \vec{H}_i^* \cdot \hat{z})$$

$$= - \text{Re}(E_{i,y} H_{i,x}^*) = |R_i|^2 \frac{\text{Re}(k_{c,zi})}{\omega \mu_0} \qquad (2-86)$$

第 i 级透射光束能量为

$$\text{Re}\,(\vec{E}_i \times \vec{H}_i^* \cdot \hat{z})$$

$$= - \text{Re}(E_{i,y} H_{i,x}^*) = |T_i|^2 \frac{\text{Re}(k_{s,zi})}{\omega \mu_0} \qquad (2-87)$$

将式(2-85)、式(2-86)和式(2-87)代入衍射效率的计算公式(2-59),可以得到 TE 模情形光栅的衍射效率:

$$DE_{ri} = |R_i|^2 \text{Re}\left(\frac{k_{c,zi}}{k_c \cos\theta}\right) \qquad (2-88)$$

$$DE_{ti} = |T_i|^2 \text{Re}\left(\frac{k_{s,zi}}{k_c \cos\theta}\right) \qquad (2-89)$$

和式(2-65)一样,对于无吸收媒质,根据能量守恒定律,TE 模情形所有衍射级次的衍射效率之和应为 1。

Ⅲ. TM 模

对于 TM 模情形,磁场矢量垂直于入射平面。对图 2-1 中所示的光栅结构,也就是 $\Psi = 0°$ 时的情形。这里,为了便于处理,我们也仅讨论入射面位于 xz 平面内的情形,此时 $\Phi = 0°$,入射光束的磁场矢量只有 y 方向有分量,其他分量为 0。由式(2-4),得到入射光束的磁场矢量表达式为:

$$\vec{H}_{inc} = H_{incy} \hat{y} = \exp[-jk_0 n_c (\sin\theta x + \cos\theta z)] \qquad (2-90)$$

入射媒质和基底中磁场矢量同样也只有 y 分量,分别为

$$\vec{H}_{c,y} = H_{incy} + \sum_{i=-\infty}^{+\infty} R_i \exp[-j(k_{xi}x + k_{c,zi}z)] \quad (2-91)$$

$$\vec{H}_{s,y} = \sum_{i=-\infty}^{+\infty} T_i \exp\{-j[(k_{xi}x + k_{s,zi}(z-d))]\} \quad (2-92)$$

上面两式中，R_i 和 T_i 分别表示归一化的磁场反射振幅和透射振幅，$k_{c,zi}$ 和 $k_{s,zi}$ 分别为入射媒质和基底中第 i 级衍射光波波矢的 z 分量，它们的定义同式(2-69)、式(2-70)。这里，光栅层中磁场矢量的 y 分量和电场矢量的 x 分量可以用 Fourier 级数展开为空间谐波的叠加：

$$H_{gy} = \sum_{i=-\infty}^{+\infty} U_{yi}(z)\exp(-jk_{xi}x) \quad (2-93)$$

$$E_{gx} = j\left(\frac{\mu_0}{\varepsilon_0}\right)^{1/2} \sum_{i=-\infty}^{+\infty} S_{xi}(z)\exp(-jk_{xi}x) \quad (2-94)$$

由于入射光束为 TM 模，因而在入射媒质、光栅层和基底这 3 个区域中都只有 y 方向的磁场分量，且由于 x、z 方向的电场不为零，其他电磁场分量都为零，这样麦克斯韦方程组就同样可简化为只包含 3 个分量的方程组：

$$\begin{cases} \dfrac{\partial H_{gy}}{\partial z} = -j\omega\varepsilon_0\varepsilon(x)E_{gx} \\[2mm] \dfrac{\partial E_{gx}}{\partial z} - \dfrac{\partial E_{gz}}{\partial x} = -j\omega\mu_0 H_{gy} \\[2mm] \dfrac{\partial H_{gy}}{\partial x} = j\omega\varepsilon_0\varepsilon(x)E_{gz} \end{cases} \quad (2-95)$$

将式(2-1)、式(2-93)和式(2-94)代入式(2-95)，消去 E_{gz} 项，可得：

$$\frac{\partial U_{yi}(z)}{\partial z} = k_0 S_{xi}(z) \quad (2-96)$$

$$\frac{\partial S_{xi}(z)}{\partial z} = \frac{k_{xi}^2}{k_0} U_{yi}(z) - k_0 \sum_{h=-\infty}^{+\infty} e_h U_{yi-h}(z) \qquad (2-97)$$

将式(2-96)、式(2-97)写成矩阵形式:

$$\begin{bmatrix} \dfrac{\partial U_{yi}(z)}{\partial z} \\ \dfrac{\partial S_{xi}(z)}{\partial z} \end{bmatrix} = \begin{bmatrix} 0 & k_0 E \\ \dfrac{B}{k_0} & 0 \end{bmatrix} \times \begin{bmatrix} U_{yi}(z) \\ S_{xi}(z) \end{bmatrix} \qquad (2-98)$$

式中，$B = K_x E^{-1} K_x - k_0^2$，与式(2-34)所定义的辅助矩阵 B 相同。两边同时对 z 求导，消去 S_{xi}，得到:

$$\frac{\partial^2 U_{yi}(z)}{\partial z^2} = EB U_{yi}(z) \qquad (2-99)$$

式(2-99)的解形式上与式(2-32)、式(2-33)相同，U_y 的解的一般形式同样可以用 EB 的特征值和特征向量表示为

$$U_y(z) = \sum_n \{ C_n^+ \exp[\sqrt{\lambda_n}(z-d)] + C_n^- \exp[\sqrt{\lambda_n}(-z)] \} \omega_n \qquad (2-100)$$

式中 λ_n 为矩阵 EB 的特征值，ω_n 为相应的特征向量。将式(2-100)两边对 z 求导，代入式(2-99)，得到:

$$S_x(z) = \frac{1}{k_0} \sum_n \{ \sqrt{\lambda_n} C_n^+ \exp[\sqrt{\lambda_n}(z-d)] + \sqrt{\lambda_n} C_n^- \exp[\sqrt{\lambda_n}(-z)] \} \omega_n \qquad (2-101)$$

将式(2-100)和式(2-101)写成矩阵形式:

$$U_y = W X^{z-d} C_n^+ + W X^{-z} C_n^- \qquad (2-102)$$

$$S_x = \frac{1}{k_0} E^{-1} W Q X^{z-d} C_n^+ - \frac{1}{k_0} E^{-1} W Q X^{-z} C_n^- \quad (2-103)$$

这里,W 是矩阵 EB 的特征向量矩阵,对角矩阵 Q 的对角元为矩阵 EB 特征值的平方根,X 的定义和式(2 - 82)、式(2 - 83)相同。在入射媒质、光栅层和基底这 3 个区域中,由于磁场仅有 y 分量,而电场的 y 分量为 0,所以边界条件方程式(2 - 45)、式(2 - 46)中 H_{cx}、H_{gx}、H_{sx}、E_{cy}、E_{gy}、E_{sy} 项均为 0。将式(2 - 102)、式(2 - 103)代入式(2 - 45)、式(2 - 46),得:

$$\begin{cases} \delta_{i0} + R = W X^{-d} C^+ + W C^- \\[2mm] j \dfrac{k_c \cos\theta}{n_c^2} \delta_{i0} + j \dfrac{K_{c,z}}{n_c^2} R = E^{-1} W Q C^- - E^{-1} W Q X^{-d} C^+ \\[2mm] W C^+ + W X^{-d} C^- = T \\[2mm] E^{-1} W Q X^{-d} C^- - E^{-1} W Q C^+ = j \dfrac{K_{s,z}}{k_0 n_s^2} T \end{cases} \quad (2-104)$$

式(2 - 84)中只有 4 组未知量,即 R、T、C^+、C^-。这些物理参量同样可以采用选主元 Gauss 消去法求解获得,求出 R 和 T 可以得到各级衍射级次的衍射效率。

此时,入射光束能量为

$$\mathrm{Re}(\vec{E}_{inc} \times \vec{H}_{inc}^* \cdot \hat{z})$$

$$= \mathrm{Re}(E_{incx} H_{incy}^*) = \frac{k_c \cos\theta}{\omega \varepsilon_0 n_c^2} \quad (2-105)$$

第 i 级反射光束能量为

$$\mathrm{Re}(\vec{E}_i \times \vec{H}_i^* \cdot \hat{z}) = \mathrm{Re}(E_{i,x} H_{i,y}^*)$$

$$= |R_i|^2 \frac{\mathrm{Re}(k_{c,zi})}{\omega \varepsilon_0 n_c^2} \quad (2-106)$$

第 i 级透射光束能量为

$$\mathrm{Re}(\vec{E}_i \times \vec{H}_i^* \cdot \hat{z}) = \mathrm{Re}(E_{i,\,x} H_{i,\,y}^*)$$

$$= |T_i|^2 \frac{\mathrm{Re}(k_{s,\,zi})}{\omega \varepsilon_0 n_s^2} \qquad (2-107)$$

将式(2-105)、式(2-106)和式(2-107)代入衍射效率的计算公式(2-59),可以得到 TM 模情形光栅的衍射效率:

$$DE_{ri} = |R_i|^2 \mathrm{Re}\left[\frac{k_{c,\,zi}}{k_c \cos\theta}\right] \qquad (2-108)$$

$$DE_{ti} = |T_i|^2 \mathrm{Re}\left[\frac{n_c^2 k_{s,\,zi}}{n_s^2 k_c \cos\theta}\right] \qquad (2-109)$$

和式(2-65)一样,对于无吸收媒质,根据能量守恒定律,TM 模情形所有衍射级次的衍射效率之和应为 1。

2.2.2 多层台阶结构光栅

上述关于一维矩形光栅的理论是分析其他光栅结构的基础,因为任何一种复杂面型的周期性结构都可以简化为台阶状光栅结构,然后对这种简化的台阶状结构作类似于矩形光栅的分析处理。求解多层台阶结构光栅衍射场的矢量衍射理论的一般方法依旧是求解入射区域、光栅区域以及透射区域内满足电磁场边值条件的 Maxwell 方程组的解。一般地,RCWA 方法在处理电磁场的边值问题时,主要包括以下 3 个步骤:

(1) 将光栅分为许多薄层,所分层数应足够近似光栅的实际的面型函数;

(2) 每个光栅薄层内的电磁场采用一维矩形光栅情形的 RCWA 方法确定;

（3）在不同区域边界上及光栅薄层之间运用电磁场边界条件，通过一定的数学方法求出整个台阶结构电磁场分布。

上述步骤极其简单，但是由于方法的近似性，要得到比较精确的解，需要将光栅轮廓简化为尽可能多的台阶，因此就会消耗更多的计算时间和计算容量。同时，在求解衍射光栅电磁场问题时，计算收敛性是一个至关重要的因素：计算的收敛与否决定计算结果是否正确，而计算收敛性的提高，可以有效提高计算速度。通常，影响 RCWA 方法收敛性的因素主要有以下 3 个：

（1）数学方法的应用：数学处理过程中是否充分考虑某些数学表达式本身的收敛性，这一因素对最后计算结果的收敛性有较大影响；

（2）物理模型的选取：由于 RCWA 方法处理多层台阶结构光栅的近似性，计算结果的近似程度因物理模型的改善而提高；

（3）数值计算的因素：由于数值计算时需要对衍射级次的数目进行截断，导致截断误差的产生，可能会得到未收敛的计算结果。

因此，简化计算过程以达到在计算结果精度允许的前提下缩短计算时间和减少计算容量显得尤为重要。通常，用 RCWA 方法处理多层台阶结构光栅问题时，TM 模的收敛性远远差于 TE 模的收敛性。而一般的耦合波方法在求解反射和透射振幅系数时，由于相位因子随介质厚度指数增大或减小，因此对传输矩阵求逆时会发生数值溢出现象，导致矩阵病态。这里介绍 1995 年 Moharam 等人[6] 提出的"增强透射矩阵"的 RCWA 方法，它能够有效避免数值溢出，得到收敛性好的数值解。

对任意面型的光栅结构，如图 2-2 所示，要分析这种光栅结构，需要对它进行台阶化处理。这里只分析 TM 模情形，也就是磁场矢量垂直于入射面情形，对于 TE 模情形的分析过程也基本相似，这里就不再介绍。

将光栅高度 D_l 进行 l 等分，于是光栅层被剖分为许多薄层，每一薄

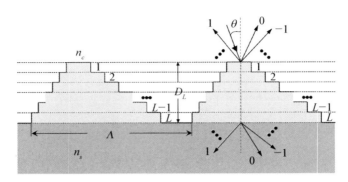

图 2‒2 多层台阶光栅结构示意图

层可用一矩形结构来近似其实际形状。若光栅层介质均为各向同性材料，则第 l 层矩形薄层光栅的介电常数用 Fourier 级数表述为

$$\varepsilon_l(x) = \sum_{h=-\infty}^{+\infty} e_{l,h} \exp(jKhx) \tag{2-110}$$

其中，光栅薄层厚度满足：

$$D_l - d_l < z < D_l = \sum_{p=1}^{l} d_p \tag{2-111}$$

式中，$\boldsymbol{K}$ 为光栅矢量，大小为 $\boldsymbol{K} = 2\pi/\Lambda$；$e_{l,h}$ 为第 l 层矩形薄层光栅相对介电常数的第 h 级 Fourier 分量；d_l 为第 l 层矩形薄层光栅的厚度。

对 TM 模，由于磁场垂直于入射面，因而只有 y 方向分量。入射媒质的磁场可以表述为入射磁场和各级反射波磁场的 y 方向分量的标量和，基底中的磁场也可表述为各级透射波磁场的 y 方向分量的标量和，即：

$$H_{c,y} = \exp[-jk_0 n_c(\sin\theta x + \cos\theta z)]$$
$$+ \sum_{i=-\infty}^{+\infty} R_i \exp[-j(k_{xi}x - k_{c,zi}z)] \tag{2-112}$$

$$H_{s,\,y} = \sum_{i=-\infty}^{+\infty} T_i \exp\{-j[k_{xi}x + k_{s,\,zi}(D_L - d)]\} \quad (2-113)$$

上面两式中，R_i 是归一化的第 i 级反射波的复振幅矢量，T_i 是归一化的第 i 级透射波的复振幅矢量，波矢分量 k_{xi}、k_{yi}、$k_{c,\,zi}$、$k_{c,\,zi}$ 满足 Floquet 定理：

$$k_{xi} = k_0 \left[n_c \sin\theta - i\left(\frac{2\pi}{\Lambda}\right) \right] \quad (2-114)$$

$$k_{L,\,zi} = (k_0^2 n_l^2 - k_{xi}^2)^{1/2}, \ L = c,\, s \quad (2-115)$$

第 l 层矩形薄层光栅中磁场 y 方向分量大小与电场 x 方向分量大小同样可以用 Fourier 级数展开为空间谐波的叠加：

$$H_{l,\,gy} = \sum_{i=-\infty}^{+\infty} U_{l,\,yi}(z) \exp(-jk_{xi}x) \quad (2-116)$$

$$E_{l,\,gx} = j \left(\frac{\mu_0}{\varepsilon_0}\right)^{1/2} \sum_{i=-\infty}^{+\infty} S_{l,\,xi}(z) \exp(-jk_{xi}x) \quad (2-117)$$

式中，ε_0 为真空介电常数；μ_0 为真空磁导率；$U_{l,\,yi}(z)$、$S_{l,\,xi}(z)$ 分别为第 l 层矩形薄层光栅归一化的第 i 级空间谐波磁场复振幅和电场复振幅。由 Maxwell 方程组可以得到第 l 层矩形薄层光栅中电磁场之间的关系：

$$\frac{\partial H_{l,\,gy}}{\partial z} = -j\omega\varepsilon_0\varepsilon_l(x)E_{l,\,gx} \quad (2-118)$$

$$\frac{\partial E_{l,\,gz}}{\partial z} = -j\omega\mu_0 H_{l,\,gy} + \frac{\partial E_{l,\,gz}}{\partial x} \quad (2-119)$$

式中，ω 为入射光波的角频率。将式（2-110）、式（2-111）、式（2-116）

和式(2-117)代入 Maxwell 方程组式(2-118)和式(2-119)中,消去 $\partial E_{l,gx}/\partial z$,得到耦合波方程为

$$\frac{\partial^2 U_{l,y}}{\partial (z')^2} = [E_l][B_l][U_{l,y}] \qquad (2-120)$$

其中:

$$B_l = K_x E_l^{-1} K_x - I \qquad (2-121)$$

这里,$z' = k_0 z$,I 为单位矩阵,K_x 为对角矩阵,对角元为 k_{xi}/k_0,其定义见式(2-20)。E_l 为第 l 层矩形薄层光栅介电常数 Fourier 展开系数矩阵,它是一个 N 维 Toeplitz 矩阵,其矩阵元素为光栅介电常数的各级 Fourier 分量,其定义见式(2-22)。方程式(2-120)的解可以通过求与辅助矩阵 $E_l B_l$ 相关的特征值和特征向量矩阵得到,这里 $E_l B_l$ 为 $N \times N$ 阶方阵,N 为所保留的衍射级次数目。方程式(2-120)的解可以表示为

$$U_{l,y} = \sum_{m=1}^{N} \omega_{l,i,m} \{ C_{l,m}^{+} \exp[-k_0 q_{l,m}(z - D_l + d_l)] \\ + C_{l,m}^{-} \exp[k_0 q_{l,m}(z - D_l)] \} \qquad (2-122)$$

$$S_{l,x} = \sum_{m=1}^{N} \upsilon_{l,i,m} \{ -C_{l,m}^{+} \exp[-k_0 q_{l,m}(z - D_l + d_l)] \\ + C_{l,m}^{-} \exp[k_0 q_{l,m}(z - D_l)] \} \qquad (2-123)$$

其中,d_l 为第 l 层矩形薄层光栅的厚度,大小满足式(2-111)。$\omega_{l,i,m}$ 和 $q_{l,m}$ 分别为辅助矩阵 $E_l B_l$ 的特征向量矩阵 W_l 的元素和辅助矩阵 $E_l B_l$ 特征值的平方根。$\upsilon_{l,i,m}$ 为辅助矩阵 $\upsilon_l = E_l^{-1} W_l Q_l$ 的元素,其中,Q_l 为对角矩阵,其对角元为 $q_{l,m}$。$C_{l,m}$ 为待定常数。与矩形光栅相比,由于台阶数的增加,边界条件方程相应地增加,在入射媒质区与第

1 层矩形薄层光栅的交界面上（$z=0$），有：

$$\begin{bmatrix} \delta_{i0} \\ j\delta_{i0}\cos\theta/n_c \end{bmatrix} + \begin{bmatrix} I \\ -jZ_c \end{bmatrix} R = \begin{bmatrix} W_1 & W_1 X_1 \\ V_1 & -V_1 X_1 \end{bmatrix} \begin{bmatrix} C_1^+ \\ C_1^- \end{bmatrix} \quad (2-124)$$

在第 $l-1$ 层与第 l 层矩形薄层光栅的交界面上（$z=D_{l-1}$），边界条件方程为

$$\begin{bmatrix} W_{l-1}X_{l-1} & W_{l-1} \\ V_{l-1}X_{l-1} & -V_{l-1} \end{bmatrix} \begin{bmatrix} C_{l-1}^+ \\ C_{l-1}^- \end{bmatrix} = \begin{bmatrix} W_l & W_l X_l \\ V_l & -V_l X_l \end{bmatrix} \begin{bmatrix} C_l^+ \\ C_l^- \end{bmatrix}$$

$$(2-125)$$

在最后一层矩形薄层光栅与基底的交界面上（$z=D_l$），边界条件方程为

$$\begin{bmatrix} W_L X_L & W_L \\ V_L X_L & -V_L \end{bmatrix} \begin{bmatrix} C_L^+ \\ C_L^- \end{bmatrix} = \begin{bmatrix} I \\ jZ_s \end{bmatrix} T \quad (2-126)$$

式中，δ_{i0} 的定义见式（2-56）。X_l 为一对角阵，其对角元为 $\exp(-\sqrt{\lambda_{l,n}}d_l)$，其定义见式（2-82）和式（2-83）。可以看到，式（2-124）-式（2-126）有如此之多的未知量，而我们所关心的仅为反射系数 R 和透射系数 T，因此，有必要将最后的边界条件化为只具有 R 和 T 的方程组，以便于最后采用选主元 Gauss 消去法求解。

下面分析多层台阶结构光栅边界条件的递推公式。这里假设台阶结构光栅仅由 2 个矩形薄层光栅构成，即 $L=2$。此时，在入射媒质区与第 1 层矩形薄层光栅的交界面上（$z=0$），有：

$$\begin{bmatrix} \delta_{i0} \\ j\delta_{i0}\cos\theta/n_c \end{bmatrix} + \begin{bmatrix} I \\ -jZ_c \end{bmatrix} R = \begin{bmatrix} W_1 & W_1 X_1 \\ V_1 & -V_1 X_1 \end{bmatrix} \begin{bmatrix} C_1^+ \\ C_1^- \end{bmatrix} \quad (2-127)$$

在第 1 层与第 2 层矩形薄层光栅的交界面上（ $z = D_1$ ），边界条件方程为

$$\begin{bmatrix} W_1 X_1 & W_1 \\ V_1 X_1 & -V_1 \end{bmatrix} \begin{bmatrix} C_1^+ \\ C_1^- \end{bmatrix} = \begin{bmatrix} W_2 & W_2 X_2 \\ V_2 & -V_2 X_2 \end{bmatrix} \begin{bmatrix} C_2^+ \\ C_2^- \end{bmatrix} \qquad (2-128)$$

在最后一层矩形薄层光栅与基底的交界面上（ $z = D_2$ ），边界条件方程为

$$\begin{bmatrix} W_2 X_2 & W_2 \\ V_2 X_2 & -V_2 \end{bmatrix} \begin{bmatrix} C_2^+ \\ C_2^- \end{bmatrix} = \begin{bmatrix} I \\ jZ_s \end{bmatrix} T \qquad (2-129)$$

式（2-129）可以写为

$$\begin{bmatrix} C_2^+ \\ C_2^- \end{bmatrix} = \begin{bmatrix} W_2 X_2 & W_2 \\ V_2 X_2 & -V_2 \end{bmatrix}^{-1} \begin{bmatrix} I \\ jZ_s \end{bmatrix} T \qquad (2-130)$$

式（2-128）可以写为

$$\begin{bmatrix} C_1^+ \\ C_1^- \end{bmatrix} = \begin{bmatrix} W_1 X_1 & W_1 \\ V_1 X_1 & -V_1 \end{bmatrix}^{-1} \begin{bmatrix} W_2 & W_2 X_2 \\ V_2 & -V_2 X_2 \end{bmatrix} \begin{bmatrix} C_2^+ \\ C_2^- \end{bmatrix} \qquad (2-131)$$

将式（2-130）和式（2-131）代入式（2-127）中，得到其边界条件的表达式为

$$\begin{bmatrix} \delta_{i0} \\ j\delta_{i0}\cos\theta/n_c \end{bmatrix} + \begin{bmatrix} I \\ -jZ_c \end{bmatrix} R$$

$$= \begin{bmatrix} W_1 & W_1 X_1 \\ V_1 & -V_1 X_1 \end{bmatrix} \begin{bmatrix} W_1 X_1 & W_1 \\ V_1 X_1 & -V_1 \end{bmatrix}^{-1} \begin{bmatrix} W_2 & W_2 X_2 \\ V_2 & -V_2 X_2 \end{bmatrix} \begin{bmatrix} W_2 X_2 & W_2 \\ V_2 X_2 & -V_2 \end{bmatrix}^{-1} \begin{bmatrix} I \\ jZ_s \end{bmatrix} T$$

$$(2-132)$$

对于光栅层由 L 个矩形薄层光栅构成的多层台阶结构光栅情形，由式(2-132)，可以归纳得到其边界条件的递推公式为

$$
\begin{bmatrix} \delta_{i0} \\ j\delta_{i0}\cos\theta/n_c \end{bmatrix} + \begin{bmatrix} I \\ -jZ_c \end{bmatrix} R
$$

$$
= \prod_{l=1}^{L} \begin{bmatrix} W_l & W_lX_l \\ V_l & -V_lX_l \end{bmatrix} \begin{bmatrix} W_lX_l & W_l \\ V_lX_l & -V_l \end{bmatrix}^{-1} \begin{bmatrix} I \\ jZ_s \end{bmatrix} T \quad (2-133)
$$

从上面分析可以知道，所有可能的数值溢出是由矩阵 X_L 引起的。X_L 是一个对角阵，其定义见式(2-82)和式(2-83)，其元素包含介质厚度呈指数大小变化项。因此，当介质厚度较大时，对矩阵 X_L 求逆或者多个这样的逆矩阵乘积可能会导致数值溢出。数值溢出是指变量被赋予一个超出其数据类型所能表示范围的数值，一旦要存储的数据超出变量类型的取值范围时就会发生数值溢出错误[66]。对于多台阶结构光栅，数值溢出可能有两种表现形式：一种是造成计算过程被迫中止；一种是计算过程虽然不中止，但是计算结果数值误差较大。因此，要想有效地避免数值溢出，得到满足计算精度要求的解，其本质是在计算过程中避开对矩阵 X_L 求逆的操作，这需要对式(2-133)进行恰当的数学处理。

这里，将式(2-133)的最后一项($l=L$)单独写出来：

$$
\begin{bmatrix} W_L & W_LX_L \\ V_L & -V_LX_L \end{bmatrix} \begin{bmatrix} W_LX_L & W_L \\ V_LX_L & -V_L \end{bmatrix}^{-1} \begin{bmatrix} f_{L+1} \\ g_{L+1} \end{bmatrix} T \quad (2-134)
$$

式中，$f_{L+1}=I$、$g_L+1=jZ_s$。可以将上式中的逆矩阵写成如下两个逆矩阵的乘积：

$$
\begin{bmatrix} W_LX_L & W_L \\ V_LX_L & -V_L \end{bmatrix}^{-1} = \begin{bmatrix} X_L & 0 \\ 0 & I \end{bmatrix}^{-1} \begin{bmatrix} W_L & W_L \\ V_L & -V_L \end{bmatrix}^{-1} \quad (2-135)
$$

可以看到,式(2-135)中右边第二个逆矩阵不会引起数值误差,此时只需将式(2-135)中右边第一个逆矩阵采取恰当的数学处理即可。将式(2-135)代入式(2-134)中,得到:

$$\begin{bmatrix} W_L & W_L X_L \\ V_L & -V_L X_L \end{bmatrix} \begin{bmatrix} X_L & 0 \\ 0 & I \end{bmatrix}^{-1} \begin{bmatrix} a_L \\ b_L \end{bmatrix} T \qquad (2-136)$$

其中:

$$\begin{bmatrix} a_L \\ b_L \end{bmatrix} = \begin{bmatrix} W_L & W_L \\ V_L & -V_L \end{bmatrix}^{-1} \begin{bmatrix} f_{L+1} \\ g_{L+1} \end{bmatrix} \qquad (2-137)$$

这时,式(2-136)中的逆矩阵可能会出现数值误差,但是这个矩阵的形式比较简单,可以直接将式(2-136)最后 3 项的乘积算出来,有:

$$\begin{bmatrix} W_L & W_L X_L \\ V_L & -V_L X_L \end{bmatrix} \begin{bmatrix} X_L & 0 \\ 0 & I \end{bmatrix}^{-1} \begin{bmatrix} a_L \\ b_L \end{bmatrix} T = \begin{bmatrix} W_L & W_L X_L \\ V_L & -V_L X_L \end{bmatrix} \begin{bmatrix} X_L^{-1} a_L T \\ b_L T \end{bmatrix}$$

$$(2-138)$$

定义辅助矩阵 T_L,满足:

$$T = a_L^{-1} X_L T_L \qquad (2-139)$$

于是,式(2-133)的最后一项($l = L$)可以化简为

$$\begin{bmatrix} W_L & W_L X_L \\ V_L & -V_L X_L \end{bmatrix} \begin{bmatrix} X_L^{-1} a_L T \\ b_L T \end{bmatrix} = \begin{bmatrix} f_L \\ g_L \end{bmatrix} T_L \qquad (2-140)$$

其中:

$$\begin{bmatrix} f_L \\ g_L \end{bmatrix} = \begin{bmatrix} W_L(I + X_L b_L a_L^{-1} X_L) \\ V_L(I - X_L b_L a_L^{-1} X_L) \end{bmatrix} \qquad (2-141)$$

对式(2 - 133)的每一层重复上述简化操作,可以得到:

$$\begin{bmatrix} \delta_{i0} \\ j\delta_{i0}\cos\theta/n_c \end{bmatrix} + \begin{bmatrix} I \\ -jZ_c \end{bmatrix} R = \begin{bmatrix} f_1 \\ g_1 \end{bmatrix} T_1 \qquad (2 - 142)$$

其中:

$$T = a_L^{-1} X_L \cdots a_l^{-1} X_l \cdots a_1^{-1} X_1 T_1 \qquad (2 - 143)$$

可以看到,方程式(2 - 142)和式(2 - 143)没有任何关于 X_L 的逆矩阵,所以不管求解多少层光栅都能够得到稳定的数值解。在具体求解过程中,通过求解式(2 - 142),可以得到 R 和 T_1 的稳定的数值解,再通过式(2 - 143)可以得到 T。然后将求出的 R 和 T 分别代入式(2 - 108)和式(2 - 109),就可以计算出多层台阶结构光栅的衍射效率。

2.3 数 值 算 例

从上面关于一维矩形光栅与多层台阶结构光栅的分析中,可以看到,由于 RCWA 方法采用一组完备正交基函数的线性叠加形式表示出光栅层中的电磁场,理论上讲,它可以应用于任意周期结构光学元件的分析设计中。在实际计算过程中,只要满足下面两个条件:

(1) 所分的矩形光栅薄层的数目足够多,能够保证足够近似光栅面型函数;

(2) 计算过程中所选取的谐波数目 N 足够大。

无论周期结构如何复杂,求解过程都是严格而稳定的,都能够得到满足预设精度要求的数值解。并且,随着近年来计算机计算能力的不断提高,RCWA 方法在处理任意面型周期结构光学元件的求解能力也得到了极大的加强，计算过程的时间耗费也得到了较大的节省。这里，我们采用 Matlab 编写了 RCWA 方法处理一维矩形光栅的数值计算程序，运用该程序初步计算了 TE 模情形光栅的衍射效率，并对 RCWA 方法的收敛性加以讨论。

2.3.1　衍射效率

图 2-3 为 TE 模情形光栅衍射效率计算曲线，光栅结构如图 2-1 所示。入射媒质和基底的折射率分别为：$n_c = 1, n_s = 1.52$；光栅层材料折射率分别为：$n_{rd} = 2.35, n_{gr} = 1.65$；光栅周期 $\Lambda = 0.5\,\mu\mathrm{m}$，填充系数 $f = 0.5$，光栅深度 $d = 1\,\mu\mathrm{m}$，$\Psi = 90°$，$\Phi = 0°$，入射角 $\theta = 0°$，谐波数 $N = 21$。从图中可以看到，由于采用低空间频率光栅结构，在所研究的波段内基底中存在传播的高级次衍射光，其衍射效率不为 0。当入射波长 $\lambda > n_s \times \Lambda = 0.76\,\mu\mathrm{m}$ 时进入亚波长区域，入射媒质和基底中仅有零级传播的衍射级次。由于计算过程中不考虑介质的吸收，所有衍射效率之和为 1。

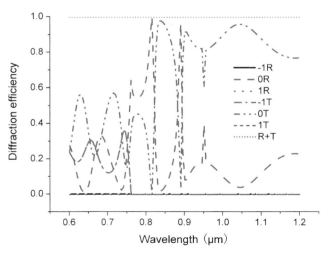

图 2-3　**TE 模情形光栅衍射效率计算曲线**

2.3.2　收敛性

图 2-4 为 TE 模情形各级衍射效率随谐波数变化曲线,光栅结构如图 2-1 所示。入射媒质和基底的折射率分别为:$n_c = 1$, $n_s = 1.52$; 光栅层材料折射率分别为:$n_{rd} = 2.35$, $n_{gr} = 1.65$;光栅周期 $\Lambda = 0.5\,\mu m$,填充系数 $f = 0.8$,光栅深度 $d = 500\,\mu m$, $\Psi = 90°$, $\Phi = 0°$, 入射角 $\theta = 0°$,入射波长 $\lambda = 0.632\,8\,\mu m$。从图中可以看到,即使是厚光栅($d/\lambda > 10$)情形,只要所选用的谐波数 N 足够大,都可以得到收敛的计算结果。本例中,当谐波数 $N > 41$ 时,各级衍射级次的衍射效率基本上收敛于某一确定值。值得注意的是,当所选用的谐波数 N 较小时,计算结果将误差很大甚至是错误的,但是此时仍然满足能量守恒定律。也就是,在不考虑介质吸收的情况下,各级衍射级次衍射效率之和虽然等于 1,但是此时并不能保证计算结果的正确性。换句话说,对无吸收媒质,能量守恒定律只是判断光栅衍射效率计算结果准确性的必要条件而非充分条件。因此,为了保证计算结果的精度,在实际计算过程中需要根据具体情况选取足够大的 N 值。

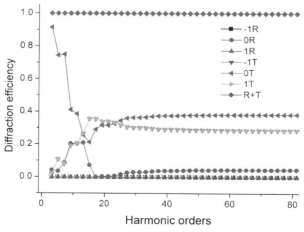

图 2-4　TE 模情形衍射效率随谐波数变化曲线

2.3.3 结果比对

为了验证本书程序计算结果的可靠性,将程序的计算结果与相关商业软件的计算结果进行对比,如图 2-5 所示。入射媒质和基底的折射率分别为:$n_c = 1$,$n_s = 1.52$;光栅层材料折射率分别为:$n_{rd} = 2.5$,$n_{gr} = 1$;光栅周期 $\Lambda = 0.5\,\mu m$,光栅深度 $d = 0.6\,\mu m$,$\Psi = 90°$,$\Phi = 0°$,入射角 $\theta = 0°$。这里,分别考虑填充系数 $f = 1$ 和 $f = 0.5$ 两种情形。当 $f = 1$ 时,光栅结构转化为薄膜结构,因而计算结果可以与薄膜领域商业软件 Filmstar 的计算结果进行对比。当 $f = 0.5$ 时,将计算结果与光栅领域商业软件 Gsolver 的计算结果进行对比。值得注意的是,这里的光栅为亚波长光栅结构,对于这种结构,标量衍射理论已经失效,只能采用矢量衍射理论才能得到正确的计算结果。此外,由于光栅为亚波长结构,因而衍射级次只有零级,其光线传播特性类似于各向同性的均质薄膜,因而图 2-5 的计算结果只选用反射零级加以对比。图 2-5 是本研究程序与 Filmstar 和 Gsolver 的计算结果对比,光栅结构如图 2-1

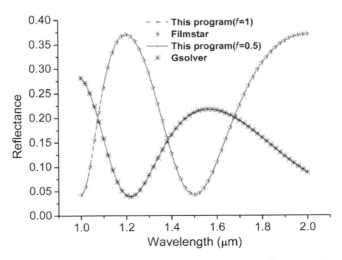

图 2-5 本研究程序与 Filmstar 和 Gsolver 的计算结果对比

所示。光栅参数为：$n_c = 1$，$n_s = 1.52$，$n_{rd} = 2.5$，$n_{gr} = 1$，$\Lambda = 0.5\,\mu m$，$d = 0.6\,\mu m$，$\Psi = 90°$，$\Phi = 0°$，入射角 $\theta = 0°$，填充系数分别为 $f = 1$ 和 $f = 0.5$。从图 2-5 可以看到，本书程序的计算结果与 Filmstar 和 Gsolver 的计算结果完全吻合，表明本书编写的 RCWA 程序可以应用于光栅结构的分析计算中。

2.4 本章小结

本章系统介绍了光栅衍射理论的分类以及相关衍射理论的研究背景，比较标量衍射理论和矢量衍射理论在处理光栅衍射问题时方法上的差异，指出标量衍射理论自身的局限性。重点介绍了 RCWA 方法处理光栅衍射问题的思路和过程。编写了基于 RCWA 方法的 Matlab 程序，运用该程序对 TE 模衍射情形作了初步计算。计算结果表明，当不考虑介质的吸收时，能量守恒定律只是判断光栅衍射效率计算结果准确性的必要条件而非充分条件。为了保证计算结果的精度，必须选取足够大的谐波数 N。当谐波数 N 不断增加时，即便对于厚光栅 ($d > 10\lambda$) 情形，光栅的各级衍射效率仍将收敛于某一确定值。

参考文献

1. J. W. 顾德门著. 詹达三等译. 傅里叶光学导论[M]. 北京：科学出版社，1976.

2. M. 玻恩，E. 沃耳夫著. 杨葭荪译. 光学原理[M]. 北京：科学出版社，1978.

3. R. Petit. Electromagnetic Theory of Gratings[M]. Berlin：Springer-Verlag，1980.

4. M. G. Moharam and T. K. Gaylord. Rigorous coupled-wave analysis of planar-grating diffraction[J]. Opt. Soc. Am，1981(A 71)：811-818.

5. M. G. Moharam and T. K. Gaylord. Diffraction analysis of dielectric surface-relief gratings[J]. Opt. Soc. Am, 1982(A 72)：1385 – 1392.

6. M. G. MoharAm，D. A. Pommet，E. B. Grann，and T. K. Gaylord. Stable implementation of the rigorous coupled-wave analysis for surface-relief gratings [J]. Opt. Soc. Am，1995(A 12)：1077 –1086.

7. F. G. Kaspar. Diffraction by thick，periodically stratified gratings with complex dielectric constant[J]. Opt. Soc. Am，1973(A 63)：37 – 45.

8. D. M. Pai and K. A. Awada. Analysis of dielectric gratings of arbitrary profiles and thicknesses[J]. Opt. Soc. Am，1991(A 8)：755 – 762.

9. 陈德伟,李永平. 衍射光学元件分析和设计中标量理论的局限性[J]. 光电工程，2004(31)：9 – 13.

10. R. Petit. Electromagnetic grating theories：limitations and successes [J]. Nouv. Rev，1975(Opt. 3)：129 – 135.

11. M. Neviere，R. Petit，and M. Cadilhac. Systematic study of resonances of holographic thin-film couplers[J]. Opt. Comm，1973(9)：48 – 53.

12. J. Pavageau. Equation integral pour la diffraction electromagnetique par des conducteurs parfaits dans les problemes a deaux dimensions：application aux reseaux[J]. C. R. Acad. Soo，Paris，1973(264B)：424 – 427.

13. K. A. Zaki and A. R. Neureuther. Scattering form a perfectly conducting surface with a sinusoidal height profile：TE polarization[J]. IEEE Trans. Antennas Propagat，1971(Ap-19)：747 – 751.

14. D. Maystre. A new general integral theory for dielectric coated gratings[J]. Opt. Soc. Am，1978(68)：490 – 495.

15. Y. Takakura. Rigorous integral approach to the problem of scatting for a modulated periodic medium obtained through conformal mapping[J]. Opt. Soc. Am，1996(A 12)：1283 – 1289.

16. B. H. Kleemann, A. Mitreiter, and F. Wyrowski. Integral equation method with parametrization of grating profile：theory and experiments[J]. Mod. Opt,

1996(43)：1323－1349.

17. M. Chamanzar，K. Mehrany，B. Rashidian，and M. Ranjbaran. Three-dimensional Diffraction Analysis of Phase and Amplitude Gratings Based on Legendre Expansion of Electromagnetic Fields[J]. Proceedings of SPIE－The International Society for Optical Engineering，2005.

18. M. H. Eghlidi，K. Mehrany，and Bizhan Rashidian. Modified differential transfer matrix method for solution of one-dimensional linear inhomogeneous optical structures[J]. Opt. Soc. Am，2005(B 22)：1521－1528.

19. L. Li. Using symmetries of grating groove profiles to reduce computation cost of the C method[J]. Opt. Soc. Am，2007(A 24)：1085－1096.

20. 王鹏. 蚀刻光栅的矢量耦合波分析与菲涅耳衍射理论[D]. 中国科学院上海光学精密机械研究所博士学位论文，1999.

21. T. Tamir，H. C. Wang，and A. A. Oliner. Wave propagation in sinusoidally stratified dielectric media[J]. IEEE Trans. Microwave Theory Tech，1964(MTT-12)：323－335.

22. T. Tamir，H. C. Wang，and A. A. Oliner. Scattering of electromagnetic waves by a sinusoidally stratified half-space：I. Formal solution and analysis approximations[J]. Can. J. Phys，1966(44)：2073－2094.

23. T. Tamir. Scattering of electromagnetic waves by a sinusoidally stratified half-space：II. Diffraction aspects of the Rayleigh and Bragg wavelengths Can. J. Phys. (44)：2461－2494(1966).

24. C. B. Burckhardt. Diffraction of a plane wave at a sinusoidally stratified dielectric grating[J]. Opt. Soc. Am，1966(56)：1502－1509.

25. R. S. Chu and T. Tamir. Guided-wave theory of light diffraction by acoustic microwaves[J]. IEEE Trans. Microwave Theory Tech. 1970(MTT-18)：486－504.

26. F. G. Kaspar. Diffraction by thick periodically stratified gratings with complex dielectric constant[J]. Opt. Soc. Am，1973(63)：37－45.

27. S. T. Peng，T. Tamir and H. L. Bertoni. Theory of periodic dielectric waveguides[J]. IEEE Trans. Microwave Theory Tech，1975(MTT-23)：123 – 133.

28. R. S. Chu and J. A. Kong. Modal theory of spatially periodic media[J]. IEEE Trans. Microwave Theory Tech，1977(MTT-25)：18 – 24.

29. K. Knop. Rigorous diffraction theory for transmission phase gratings with deep rectangular grooves[J]. Opt. Soc. Am，1978(68)：1206 – 1210.

30. L. C. Boten and M. S. Craig. The finitely conducting lamellar diffraction grating[J]. Opt. Acta，1981(28)：1087 – 1102.

31. L. C. Boten and M. S. Craig. High conducting lamellar diffraction grating[J]. Opt. Acta，1981(28)：1103 – 1106.

32. G. Tayeb and R. Petit. On the numerical study of deep conducting lamellar diffraction gratings[J]. Opt. Acta，1984(31)：1361 – 1366.

33. S. T. Peng. Rigorous formulation of scattering and guidance dielectric grating waveguide：general case of oblique incidence[J]. Opt. Soc. Am，1989(A6)：1869 – 1883.

34. L. Li. A modal analysis of lamellar diffraction gratings in conical mountings [J]. Opt. Acta，1993(40)：553 – 573.

35. L. Li. Multilayer modal method for diffraction gratings of arbitrary profile，depth, and permittivity[J]. Opt. Soc. Am，1993(A 10)：2581 – 2591.

36. L. Li. Multilayer-coated diffraction gratings：differential method of Chandezon et al. Revisited[J]. Opt. Soc. Am，1994(A 11)：2816 – 2828.

37. L. Li. Bremmer series，R-matrix propagation algorithm，and numerical modeling of diffraction gratings[J]. Opt. Soc. Am，1994(A 11)：2829 – 2836.

38. L. Li. Formulation and comparison of two recursive matrix algorithms for modeling layered diffraction gratings[J]. Opt. Soc. Am，1996(A 13)：1024 – 1035.

39. M. Nevière and E. Popov. Analysis of dielectric gratings of arbitrary profiles

and thicknesses: comment[J]. Opt. Soc. Am，1992(A 9)：2095 – 2096.

40. E. Popov and M. Nevière. Differential theory for diffraction gratings: a new formulation for TM polarization with rapid convergence［J］. Opt. Lett，2000(25)：598 – 600.

41. E. L. Tan. Enhanced R-matrix algorithms for multilayered diffraction gratings ［J］. Appl. Opt，2006(45)：4803 – 4809.

42. H. Kogenlnik. Coupled wave theory for thick hologram gratings[J]. Bell Syst. Tech. ，1969(48)：2909 – 2947.

43. S. F. Su and T. K. Gaylord. Calculation of arbitrary-order diffraction efficiencies of thick grating shape[J]. Soc. Am，1975(65)：59 – 64.

44. R. Magnusson and T. K. Gaylord. Diffraction efficiencies of thin phase gratings with arbitrary grating shape[J]. Opt. Soc. Am，1978(68)：806 – 814.

45. R. Magnusson and T. K. Gaylord. Solution of the thin phase grating diffraction equation[J]. Opt. Comm，1978(25)：129 – 132.

46. R. Magnusson and T. K. Gaylord. Diffraction efficiencies of thin absorption and transmittance gratings[J]. O pt. Comm，1979(28)：1 – 3.

47. M. G. MoharAm，T. K. Gaylord and R. Magnusson. Criteria for Bragg regime diffraction by phase g ratings[J]. Opt. Comm，1980(32)：14 – 18.

48. M. G. MoharAm，T. K. Gaylord and R. Magnusson. Bragg diffraction of finite beams by thick gratings[J]. Opt. Soc. Am，1980(70)：300 – 304.

49. M. G. Moharam and T. K. Gaylord. Coupled-wave analysis of reflection gratings[J]. Appl. Opt，1981(20)：240 – 244.

50. M. G. Moharam and T. K. Gaylord. Planar dielectric diffraction theories[J]. Appl. Phys，1982(B 28)：1 – 14.

51. M. G. Moharam and T. K. Gaylord. Chain-matrix analysis of arbitrary-thickness dielectric reflection gratings［J］. Opt. Soc. Am，1982（72）：187 – 190.

52. M. G. Moharam and T. K. Gaylord. Diffraction analysis of dielectric surface-

relief gratings：erratum[J]. Opt. Soc. Am，1983(73)：411.

53. W. E. Baird，M. G. Moharam and T. K. Gaylord. Diffraction characteristics of planar absorption gratings[J]. Appl. Phys，1983(B 32)：15 − 20.

54. M. G. Moharam and T. K. Gaylord. Rigorous coupled-wave analysis of grating diffraction：E-mode polarization and losses[J]. Opt. Soc. Am，1983(73)：451 − 455.

55. M. G. Moharam and T. K. Gaylord. Three-dimensional vector coupled-wave analysis of planar-grating diffraction[J]. Opt. Soc. Am，1983(73)：1105 − 1112.

56. T. K. Gaylord and M. G. Moharam. Analysis and Applications of Optical Diffraction by Gratings[J]. Proc. IEEE，1983(73)：894 − 937.

57. M. G. MoharAm，E. B. Grann，D. A. Pommet，and T. K. Gaylord. Formulation for stable and efficient implementation of the rigorous coupled-wave analysis of binary gratings[J]. Opt. Soc. Am，1995(A 12)：1068 − 1076.

58. G. Granet and B. Guizal. Efficient implementation of the coupled-wave method for metallic lamellar gratings in TM polarization[J]. Opt. Soc. Am，1996(A 13)：1019 − 1023.

59. P. Lalanne and G. . M. Morris. Highly improved convergence of the coupled-wave method for TM polarization[J]. Opt. Soc. Am. 1996(A 13)：779 − 784.

60. L. Li. Use of Fourier series in the analysis of discontinuous periodic structures [J]. Opt. Soc. Am，1996(A 13)：1870 − 1876.

61. W. Lee and F. L. Degertekin. Rigorous Coupled-Wave Analysis of Multilayered Grating Structures[J]. Lightwave Technol，2004(22)：2359 − 2363.

62. A. D. Bucchianico，R. M. M. Mattheij and M. A. Peletier. A More Efficient Rigorous Coupled-Wave Analysis Algorithm[J]. Mathematics in Industry，2006(8)：164 − 168.

63. 游兆永. 路浩块 Toeplitz 三角阵求逆及块 Toeplitz 三角线性方程组求解的复杂

性[J]. 数学研究与评论,1989(9)：101 - 106.

64. 曾泳泓. r-循环矩阵的快速算法和并行算法[J]. 数值计算与计算机应用,
1989(1)：36 - 42.

65. 李庆扬,王能超,易大义. 数值分析[M]. 北京,清华大学出版社.

66. 詹泽梅,叶俊民,叶焰锋,雷志翔. 一种数值溢出故障判定准则研究[J]. 计算机
与数字工程,2007(35)：1,15 - 17.

第3章
弱调制亚波长光栅的薄膜波导分析方法

3.1 亚波长光栅结构

如果光栅具有足够高的空间频率(即 $\Lambda \ll \lambda$),那么入射媒质和基底中就只有零级衍射级次存在,其余的高级次衍射波均为倏逝波,这种光栅通常被称为亚波长光栅、零级光栅或高空间频率光栅。由于其制作的复杂性,亚波长光栅光学元件的分析制作技术仍有待完善,但是由于其巨大的应用潜力,已经吸引了越来越多的研究者致力于亚波长光栅的分析、设计和制作的研究中。由于只存在一个衍射级次,即零级衍射波,这时的亚波长光栅就可以等效为一层特殊的薄膜,其等效折射率可以近似视为调制层介质的平均折射率。

图 3-1 为单层光栅基本结构示意图,(a)为低空间频率光栅,入射媒质和基底中有传播的高级次衍射波,各级衍射级次之间的夹角满足光栅方程[1]:

$$n_i \sin\theta_i - n_c \sin\theta = \frac{m\lambda}{\Lambda} \qquad (3-1)$$

这里，n_c 为入射媒质的折射率，n_i 为衍射媒质的折射率（不是入射媒质折射率 n_c，就是基底折射率 n_s），θ 和 θ_i 分别为入射光和第 i 级衍射光与光栅表面法线的夹角。λ 为入射光波在自由空间中的波长，Λ 为光栅周期。

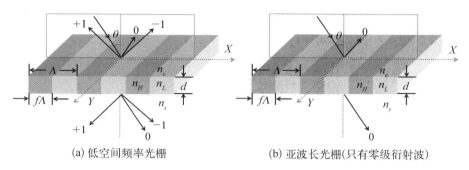

(a) 低空间频率光栅　　　　　　　(b) 亚波长光栅(只有零级衍射波)

图 3-1　单层光栅结构示意图

对于亚波长光栅，入射媒质和基底中只存在零级传播的衍射级次，对于自由空间中波长为 λ 的光波，对所有从 θ 到最大入射角 $\theta_{\max}$ 的入射角，光栅方程式(3-1)能够得到光栅周期与入射波长之比 (Λ/λ) 的上界，即：

$$\frac{\Lambda}{\lambda} < \frac{1}{\max[n_c,\ n_s] + n_c \sin\theta_{\max}} \qquad (3-2)$$

不等式(3-2)为亚波长光栅结构的参数条件。从上式可以看出，如果想不让光波的能量被分配到其他高级次的衍射光中，光栅周期 Λ 需小于入射光波在自由空间中的波长 λ。

图 3-1(b)为亚波长光栅示意图，由于光栅参数满足不等式(3-2)，因而只有向后传播的零级反射波和向前传播的零级透射波，光波能量相对集中，因而这种结构通常可以得到比较高的衍射效率。

图 3-2 为单层膜波导光栅衍射效率分布曲线，光栅参数为：$n_c = 1.0$，$n_H = 2.02$，$n_L = 1.65$，$n_s = 1.45$，$d = 0.3\,\mu\mathrm{m}$，$\Lambda = 1\,\mu\mathrm{m}$，$f =$

0.5，$\theta = 0°$，入射光为 TE 偏振光波。图 3-2(a)为低空间频率光栅衍射效率分布曲线；图 3-2(b)为亚波长光栅衍射效率分布曲线。可以看到，在光栅参数和入射条件都相同的条件下，由于所选取的波段不同，传播的衍射级次数目也不一样。对于低空间频率光栅，光栅的衍射级次较多，衍射光波能量分布不集中。而对于亚波长光栅，由于光栅的空间周

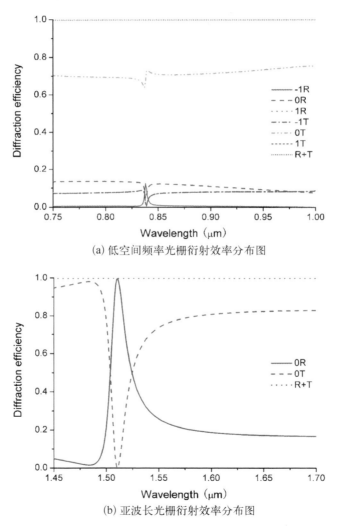

(a) 低空间频率光栅衍射效率分布图

(b) 亚波长光栅衍射效率分布图

图 3-2　单层光栅结构衍射效率分布曲线

期较小,衍射级次只有零级,衍射能量相对集中,衍射效率较高,因而可用于到高反射、高透射的光学系统中。但无论是低空间频率光栅还是亚波长光栅,对于无吸收介质情形,根据能量守恒定律,所有衍射级次的衍射效率之和都为 1。

3.2　弱调制光栅及其导模共振条件

对图 3-1 所示的光栅结构,根据严格的耦合波分析(RCWA)方法,光栅层中的电磁场可以表示为[2]

$$E_y(x,\ y) = \sum_{i=-\infty}^{+\infty} \hat{S}_i(z)\exp[-j(k_{2x} - i2\pi/\lambda)] \qquad (3-3)$$

描述光栅层中电磁场分布的耦合波方程为

$$\frac{d^2\,\hat{S}_i(z)}{dz^2} + \left[k^2\varepsilon_g - k^2\left(\sqrt{\varepsilon_g}\sin\theta - i\lambda/\Lambda\right)^2\,\hat{S}_i(z)\right.$$

$$\left. + \frac{1}{2}k^2\Delta\varepsilon[\hat{S}_{i+1}(z) + \hat{S}_{i-1}(z)] = 0 \qquad (3-4)\right.$$

这里,$\hat{S}_i$ 为第 i 级空间谐波的振幅,ε_g 为光栅层的等效折射率,$k = 2\pi/\lambda$,λ 为自由空间中的波长。对于弱调制光栅,构成光栅层材料的介电常数大小相差很小,对于图 3-1 所示光栅结构,相当于 $(n_H^2 - n_L^2) \to 0$,即 $\Delta\varepsilon \to 0$,此时,可以忽略方程式(3-4)中与 $\Delta\varepsilon$ 乘积的有关项,得到:

$$\frac{d^2\,\hat{S}_i(z)}{dz^2} + \left[k^2\varepsilon_g - k^2\left(\sqrt{\varepsilon_g}\sin\theta - i\lambda/\Lambda\right)^2\right]\hat{S}_i(z) = 0 \quad (3-5)$$

由于弱调制光栅的光栅层材料折射率大小差别很小，可以将光栅层近似视为平板波导。相应的平板波导的波动方程为[3]

$$\frac{d^2 \hat{S}_i(z)}{dz^2} + (k^2 \varepsilon_g - \beta^2)\hat{S}_i(z) = 0 \qquad (3-6)$$

上式中，ε_g 为平板波导的折射率，β 为导模的传播常数。比较式（3-5）与式（3-6），可以得到弱调制光栅第 i 级衍射级次的等效传播常数 β_i 为

$$\beta_i = k(\sqrt{\varepsilon_g}\sin\theta - i\lambda/\Lambda) \qquad (3-7)$$

对于平板波导，导模的传播常数 β 需介于平面波在入射媒质（或基底）和薄膜波导的波数之间，即：

$$k \cdot \max(n_c, n_s) < \beta < k\sqrt{\varepsilon_g} \qquad (3-8)$$

对于衍射光栅，当高级次子波在光栅层中成为传播的衍射级次时将可能会激发导致导模共振效应。比较式（3-7）和式（3-8），可以得到衍射光栅导模共振的发生条件为

$$\max\{n_c, n_s\} < |n_c\sin\theta_0 - i\lambda/\Lambda| < \sqrt{\varepsilon_g} \qquad (3-9)$$

不等式（3-9）是从单层膜弱调制光栅结构出发得到的导模共振发生条件，事实上，它可以推广到多层膜弱调制光栅结构情形，此时，导模共振的发生条件可以表达为

$$\max\{n_c, n_s\} < |n_c\sin\theta_0 - i\lambda/\Lambda| < \max\{n_m | m=1, 2, 3,\cdots\} \qquad (3-10)$$

这里，n_c 和 n_s 分别为入射媒质和基底的折射率；n_m 表示多层膜光栅

结构中第 m 层的折射率,如果第 m 层为光栅层,则 n_m 表示光栅层的等效折射率。不等式(3-10)限定了多层膜弱调制光栅产生导模共振效应时光栅参数的范围。

　　这里以图 3-1 所示光栅结构为基础进一步分析导模共振的发生条件,为了不失普遍性,将图 3-1 所示光栅拓展为两层膜光栅结构,即在图 3-1 所示光栅结构中,在光栅层和基片之间嵌入一层均匀膜层而使其变为两层膜结构。此时,假设第 i 级衍射波激发导模共振,则衍射光栅的参数必须满足导模共振的发生条件式(3-10),满足这一条件的光栅参数所限定的区域为导模共振的发生区域。

　　图 3-3 为双层膜光栅结构的导模共振发生区域示意图,i 为衍射级次。光栅参数同图 3-2,只不过在图 3-2 对应结构中的光栅层和基片之间加入一层折射率为 1.75 的均匀膜层而使其变为两层膜结构。图 3-3 中,对于每一个衍射级次 i,实线代表不等式(3-10)的左边,虚线代表不等式(3-10)的右边,因此,处于虚线、实线之间的区域即为第 i 级衍射波所能激发导模共振的发生区域。实线所示的边界对应于第 i 级衍射级次激发的瑞利异常,两条实线的交点可能会出现双瑞利异

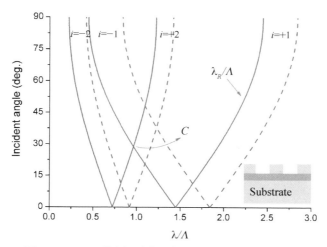

图 3-3　双层膜光栅结构导模共振发生区域分布曲线

常[4]。正入射条件下,即 $\theta=0°$ 时,±1 级衍射波和±2 级衍射波将分别引起对称的双瑞利异常。入射角为 28.6° 时,在图 3-3 所示的 C 点位置处,−1 级衍射波和＋2 级衍射波能够激发非对称的双瑞利异常。处于虚线、实线之间的区域,第 i 级衍射波能够形成导模。而虚线外的区域(也就是波长增大区域),第 i 级衍射级次因不能传播而无法形成导模。这里,标记 λ_R/Λ 表明当波长 λ 不断增大时,最后一个高级次($i=+1$)在掠入射角处截止。因而,λ_R 为瑞利波长。当 $\lambda > \lambda_R$ 时,只有零级传播的衍射级次,此时,导模共振将不再出现。从图中还可以看出,当垂直入射时,即入射角 $\theta=0°$ 时,±i 级衍射级次所激发的导模共振将是无法区分的,因此,可以说此时±i 级衍射波所引起的导模共振是简并的,而采用斜入射就会破坏这种简并性,从而使±i 级衍射波所激发的导模共振效应各自独立地表现出来。

3.3　有效媒质理论

在分析亚波长光栅时,必须考虑光波的矢量性质,最基本的方法是严格的耦合波分析(RCWA)方法或耦合模方法,但是其严格的电磁场光栅模型使得计算量很大。然而,如果光栅周期 Λ 远小于入射光波波长 λ,则可以采用一些近似方法进行分析。有效媒质理论就是这样一种近似方法,这种方法将亚波长光栅等效为一层特殊的薄膜,并给出该特殊薄膜的等效折射率[5-8]。

对图 3-4 所示的一维亚波长光栅结构示意图,入射媒质和基底的折射率分别为 n_c 和 n_s,光栅层由折射率分别为 n_H 和 n_L 的两种材料交替构成,厚度为 d,光栅的填充系数为 f,光栅周期为 Λ。入射光波在自由空间中的波长为 λ,正入射条件下入射(即传播方向与 Z 轴的夹角为零）。假设 $\Lambda \ll \lambda$，则光栅层中的电磁场可以视为均匀的。

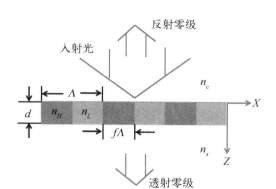

图 3 - 4　一维亚波长光栅的横截面示意图

首先来考虑入射光为 TE 模情形，此时，其电场矢量沿 Y 方向。根据电磁场连续性原理，电场矢量在界面处的切向分量是连续的，因此，电场矢量唯一的非零分量 E_y 在光栅层中的界面处（即 n_H 和 n_L 的交界面）是连续的。相应地，光栅层材料 n_H 和 n_L 中的电位移矢量的 Y 方向分量 $D_{y,H}$ 和 $D_{y,L}$ 分别为

$$D_{y,H} = \varepsilon_0 n_H^2 E_y \tag{3-11}$$

$$D_{y,L} = \varepsilon_0 n_L^2 E_y \tag{3-12}$$

上式中，ε_0 为真空中的介电常数。此时，光栅层中电位移矢量的 Y 方向分量在一个周期内的平均值为

$$D_y = \left[\varepsilon_0 n_H^2 E_y f\Lambda + \varepsilon_0 n_L^2 E_y (1-f)\Lambda \right] / \Lambda \tag{3-13}$$

由于此时电位移矢量与电场矢量都只有 Y 分量，两者满足：

$$D_y = \varepsilon_0 n_{TE0}^2 E_y \tag{3-14}$$

上式中，n_{TE0} 为光栅层的等效折射率。比较式(3-13)和式(3-14)，可以得到 TE 模情形的等效折射率为

$$n_{TE0} = \left[n_H^2 f + n_L^2 (1-f) \right]^{1/2} \qquad (3-15)$$

如果考虑入射光为 TM 模情形，即磁场矢量沿 Y 方向，此时电位移矢量仅有非零分量 D_x。根据电磁场连续性原理，电位移矢量在界面处的法向分量是连续的，因此，电位移矢量唯一的非零分量 D_x 在光栅层中的界面处法向（即垂直于 n_H 和 n_L 的交界面）是连续的。与之相应，光栅层材料 n_H 和 n_L 中的电场矢量的 X 方向分量 $E_{x,H}$ 和 $E_{x,L}$ 分别为

$$E_{x,H} = D_x / (\varepsilon_0 n_H^2) \qquad (3-16)$$

$$E_{x,L} = D_x / (\varepsilon_0 n_L^2) \qquad (3-17)$$

因此，光栅层中电场矢量的 X 方向分量在一个周期内的平均值为

$$E_x = \left[D_x / (\varepsilon_0 n_H^2) f\Lambda + D_x / (\varepsilon_0 n_L^2)(1-f)\Lambda \right] / \Lambda \qquad (3-18)$$

由于此时电位移矢量与电场矢量都只有 X 分量，两者满足：

$$E_x = D_x / \varepsilon_0 n_{TM0}^2 \qquad (3-19)$$

上式中，n_{TM0} 为光栅层的等效折射率。比较式(3-18)和式(3-19)，可以得到 TM 模情形的等效折射率为

$$n_{TM0} = n_H n_L / \left[n_L^2 f + n_H^2 (1-f) \right]^{1/2} \qquad (3-20)$$

由式(3-15)和式(3-20)，可得：

$$n_{TE0} - n_{TM0} = \sqrt{\frac{f(1-f)(n_H^2 - n_L^2)^2}{n_L^2 f - n_H^2 (1-f)}} \geqslant 0 \qquad (3-21)$$

可见，TE 模的等效折射率比 TM 模的等效折射率大，即电场矢量垂直于光轴方向（光栅矢量方向，这里为 X 方向）的 o 光比平行于光轴方向的 e 光传播慢。因此，在一般斜入射的条件下，亚波长光栅可以等

效为一个厚度为 d 的负单轴晶体,光轴沿光栅矢量方向。相应的 o 光和 e 光的折射率由式(3-15)和式(3-20)给出。这种效应称为形式双折射[9]。亚波长光栅所表现出的所谓形式双折射效应即偏振特性,归因于其空间的周期性调制。虽然式(3-15)和式(3-20)只是一种近似结果,但是它可以作为一种有效工具来分析设计基于零级光栅的光学元件。

　　式(3-15)和式(3-20)称为有效媒质理论的零级近似,也就是它给出的亚波长光栅的等效折射率没有考虑入射波长 λ 的变化对等效折射率的影响。假如在 $\Lambda \ll \lambda$ 的情况下将入射波长 λ 的变化对等效折射率的影响因素考虑进去,可以得到有效媒质理论的二级近似,此时 TE 模和 TM 模的等效折射率分别为[5]

$$n_{TE2} = \left[n_{TE0}^2 + \frac{\pi^2}{3} f^2 (1-f)^2 (n_{2H}^2 - n_{2L}^2)^2 \left(\frac{\Lambda}{\lambda}\right)^2 \right]^{1/2}$$

$$(3-22)$$

$$n_{TM2} = \left[n_{TM0}^2 + \frac{\pi^2}{3} f^2 (1-f)^2 \left(\frac{1}{n_{2H}^2} - \frac{1}{n_{2L}^2}\right)^2 n_{TM0}^6 n_{TE0}^2 \left(\frac{\Lambda}{\lambda}\right)^2 \right]^{1/2}$$

$$(3-23)$$

　　上列两式中,n_{TE0} 和 n_{TM0}、n_{TE2} 和 n_{TM2} 分别为亚波长光栅 TE 模和 TM 模等效折射率的零级、二级近似表达式。可以看到,对于二级近似条件下的等效折射率 n_{TE2} 和 n_{TM2},在光栅参数保持不变的情况下改变入射波长 λ,亚波长光栅的等效折射率将会发生改变。

　　图 3-5 为亚波长光栅零级等效折射率随填充系数 f 变化关系曲线,$n_H = 2.02$,$n_L = 1$,其中,n_{TE0} 和 n_{TM0} 分别为亚波长光栅 TE 模和 TM 模的零级等效折射率,$n_{TE0} - n_{TM0}$ 为两者之差。从图中可以看到,通过调整填充系数 f 可以获得介于 n_H 和 n_L 之间的任何大小的折射率值。这一特性使得亚波长光栅能够适用于多种光学系统,克服了传统光

学介质薄膜因材料品种有限而使折射率受限的缺点。同时，从图中还可以看出，填充系数 f 在(0，1)的范围内变化时，TE 模的等效折射率总是比 TM 模的等效折射率大，因此，亚波长光栅可以等效为一个厚度为 d 的负单轴晶体。上述特点在式(3－15)、式(3－20)和式(3－21)中也得到反映。

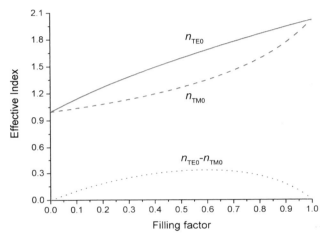

图 3－5　亚波长光栅零级等效折射率随填充系数 f 变化关系曲线

　　图 3－6 为亚波长光栅等效折射率随光栅周期与入射光波长之比 (Λ/λ) 变化关系曲线，$n_H = 2.02$，$n_L = 1.65$，$f = 0.5$，其中，n_{TE0} 和 n_{TM0}、n_{TE2} 和 n_{TM2} 分别为亚波长光栅 TE 模和 TM 模的零级和二级近似等效折射率。从图中可以看到，TE 模的等效折射率总是大于 TM 模的等效折射率。当 $\Lambda/\lambda \to 0$ 时，TE 模（TM 模）亚波长光栅的零级和二级等效折射率相等。由于零级等效折射率与入射波长无关，因此零级等效折射率不随波长发生改变。当入射光波长不断减小时，保持其他光栅参数不变，亚波长光栅的二级等效折射率将不断增大。但是，当 Λ/λ 比较大时，有效媒质理论二级近似计算所得的等效折射率将是错误的，原因在于有效媒质理论本身只是一种近似方法，且它的适用条件是入射光

波长 λ 远大于光栅周期 Λ 的情形,当 Λ/λ 比较大时已经逾越了有效媒质理论的成立条件。但是,作为一种简便的分析方法,有效媒质理论仍然可以作为一种有效工具来分析设计亚波长衍射光学元件。

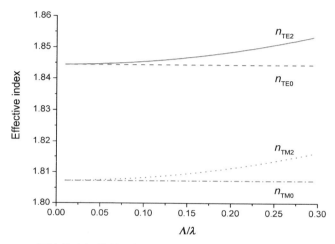

图 3 - 6　亚波长光栅等效折射率随光栅周期与入射光波长之比(Λ/λ)变化关系曲线

3.4　单层膜结构波导光栅

　　毫无疑问,单层膜波导光栅结构是最为简单的光栅结构,它是一种基础结构,复杂的波导光栅结构都是在此结构之上的延伸。由于单层膜结构简单,处理时方法上比较便于入手,物理意义明确,光栅参数和入射条件对光谱性能的影响能够较为清晰地呈现出来。因而,对单层膜波导光栅结构的研究长期以来引起人们的广泛关注[10-19]。导模共振滤光片[13]、导模共振布儒斯特滤光片[15]、多通道导模共振布儒斯特滤光片[16]等概念都是从单层膜波导光栅的角度出发提出的。因而,对单层膜波导光栅结构的研究对共振全反射介质光栅的设计制作具有较好的指导意义。

3.4.1　基本模型

对图 3-1(b)所示的亚波长光栅结构,它由入射媒质、光栅层和基底构成。入射媒质和基底的折射率分别为 n_c 和 n_s,介质光栅层由两种高低折射率分别 n_H 和 n_L 的材料组成,光栅的填充系数为 f,光栅周期为 Λ,光栅深度为 d,入射光自由空间的波长为 λ,入射角为 θ,由于采用亚波长光栅结构,因而只有向前传播的零级透射波和向后传播的零级反射波。

对弱调制介质光栅,即 n_H 和 n_L 的大小相差不大时,它兼具单层膜与波导光栅的特性,因而表现出单层膜与波导光栅共同作用的综合效应。在远离导模共振处,由于衰减的衍射级次具有很小的振幅和相位变化,衰减波与传播波的耦合可以忽略,光栅主要呈现出各向同性的单层膜的性质。而在导模共振处则不然,由于外部传播波与临近的衍射级次具有很强的耦合作用,因而光栅主要呈现出波导光栅的性质。因而,在远离共振处的情形,利用有效媒质理论的二级近似,可以将光栅层视为等效折射率为 n_{TE2} 的各向同性的单层膜来处理。而在导模共振位置处,利用平板波导的本征值方程,结合弱调制光栅的导模共振条件,则可以导出共振位置的近似表达式。这里,以 TE 模情形为例分析之。

在远离共振处,将图 3-1(b)所示亚波长光栅层视为折射率为 n_{TE2} 的平板波导,对 TE 模,其本征值方程为[20]

$$\tan(\kappa d) = \kappa(\gamma + \delta)/(\kappa^2 - \gamma\delta) \qquad (3-24)$$

其中:

$$\left. \begin{array}{l} \gamma = (\beta^2 - n_c^2 k^2)^{1/2} \\ \kappa = (n_{TE2}^2 k^2 - \beta^2)^{1/2} \\ \delta = (\beta^2 - n_s^2 k^2)^{1/2} \end{array} \right\} \qquad (3-25)$$

上面两式中，γ、κ 和 δ 分别为入射媒质、光栅层和基底中沿 z 方向的波数，β 为波导中第 m 级导模的传播常数，$k = 2\pi/\lambda$。

根据折射定律：

$$n_c \sin \theta = n_{TE2} \sin \theta' \qquad (3-26)$$

这里，θ' 为光栅层中的折射角。将弱调制光栅传播常数 β_i 的表达式（3-7）代入式（3-26），可以得到第 i 级衍射级次在波导光栅中的传播常数为

$$\beta_i = k(n_c \sin \theta - i\lambda/\Lambda) \quad i = \pm 1, \pm 2, \cdots \qquad (3-27)$$

如果式（3-27）中某一傅里叶分量正好与波导中某一波导模式相匹配，则对应的入射光能量将有效地耦合到这一模式中。即：

$$\beta \to \beta_i = k(n_c \sin \theta - i\lambda/\Lambda) \quad i = \pm 1, \pm 2, \cdots \qquad (3-28)$$

第 i 级子波将在介质光栅中引起导模共振效应。

将式（3-24）、式（3-25）和式（3-28）结合起来，就得到导模共振的共振位置表达式，它可以确定介质光栅满足导模共振条件时光栅层的最小深度 d_0。假设光栅深度改变 Δd 时，在光栅层中沿 z 方向波数不变的情况下仍能产生导模共振，即：

$$\tan(\kappa d_0) = \tan[\kappa(d_0 + \Delta d)] \qquad (3-29)$$

可以得到：

$$\Delta d = \pi/\kappa = \lambda/2\sqrt{n_{TE2}^2 - (n_c \sin \theta - i\lambda/\Lambda)^2} \qquad (3-30)$$

式（3-30）即为导模共振随光栅深度变化的周期。

由于导模共振具有窄带效应，实际应用中可以用来制作窄带滤光片。下面，从理论上探讨获得性能优良的窄带反射滤光片的途径。

由薄膜的特征矩阵方程[21]：

$$\begin{bmatrix} B \\ C \end{bmatrix} = \begin{bmatrix} \cos\delta_1 & i\sin\delta_1/\eta_1 \\ i\eta_1\sin\delta_1 & \cos\delta_1 \end{bmatrix} \begin{bmatrix} 1 \\ \eta_2 \end{bmatrix} \qquad (3-31)$$

对图 3-1(b)所示的弱调制亚波长光栅结构,在远离共振处,可将其视为折射率为 n_{TE2} 的单层膜,因而, $\delta_1 = 2\pi dn_{TE2}\cos\theta'/\lambda$, $\eta_0 = n_c$, $\eta_1 = n_{TE2}\cos\theta'$, $\eta_2 = n_s$。于是,其等效导纳为

$$Y = C/B = (\eta_2\cos\delta_1 + i\eta_1\sin\delta_1)/[\cos\delta_1 + i(\eta_2/\eta_1)\sin\delta_1] \qquad (3-32)$$

反射率为

$$R = r \cdot r^* = \frac{(\eta_0 - \eta_2)^2\cos^2\delta_1 + (\eta_0\eta_2/\eta_1 - \eta_1)^2\sin^2\delta_1}{(\eta_0 + \eta_2)^2\cos^2\delta_1 + (\eta_0\eta_2/\eta_1 - \eta_1)^2\sin^2\delta_1} \qquad (3-33)$$

要获得性能优良的窄带反射滤光片,意味着反射峰附近的旁带反射率应尽可能地小。如果在对应的薄膜结构的反射率最低点波长位置处激发导模共振,而由于反射率最低点附近的入射波长的反射率都普遍较小,因而此时的反射旁带将最大程度地被抑制,滤光片的反射特性将是最理想的。在反射率最低点处,满足:

$$R = 0 \qquad (3-34)$$

将式(3-33)代入式(3-34),得到:

$$(\eta_0 - \eta_2)^2\cos^2\delta_1 + (\eta_0\eta_2/\eta_1 - \eta_1)^2\sin^2\delta_1 = 0 \qquad (3-35)$$

在正入射的条件下,得到下面的两组解:

$$\left.\begin{array}{l} n_{TE2} = \sqrt{n_c n_s} \\ d = (1/4 + m)\lambda/n_{TE2} \quad m = 0,1,2\cdots \end{array}\right\} \qquad (3-36-1)$$

$$\left.\begin{aligned} n_c &= n_s \\ d &= (1/2+m)\lambda/n_{TE2} \quad m = 0,1,2\cdots \end{aligned}\right\} \qquad (3-36-2)$$

对于第一组解，由于不满足传输模条件式(3-8)，即：

$$n_{TE2} > \max(n_c, n_s) \qquad (3-37)$$

因而其解不存在。可见，只有解式(3-36-2)有意义，即满足条件式(3-36-2)的介质光栅反射滤光片性能最佳。从式(3-36-2)可以看到，此时光栅参数首先需满足折射率匹配条件，即入射媒质和基底的折射率相等$(n_c = n_s)$。同时，光栅层厚度需为入射波长的二分之一光学厚度的整数倍。上述两个条件缺一不可。

3.4.2　数值计算

首先用严格的耦合波分析[2]方法来验证本书推导的共振位置的表达式。对本书讨论的光栅结构，$n_c = n_s = 1$，$n_H = 1.59$，$n_L = 1.64$，$\lambda = 0.8\,\mu m$，$\Lambda = 0.6\,\mu m$，$f = 0.5$，$n_{TE2} = 1.616$，入射光为 TE 偏振光，入射角 $\theta = 0°$。用严格的耦合波分析方法计算所得的光栅层的最小深度 $d_0 = 0.2132\,\mu m$，光栅深度变化的周期 $\Delta d = 0.4389\,\mu m$，由式(3-24)、式(3-25)和式(3-28)计算所得到的 $d_0 = 0.2142\,\mu m$，$\Delta d = 0.4381\,\mu m$，d_0 和 Δd 的相对误差分别为 0.47% 和 0.18%，与用严格的耦合波分析方法所得值吻合很好。

图 3-7 是用严格的耦合波分析方法所计算的反射率随光栅深度变化曲线。光栅参数为：$n_c = n_s = 1$，$n_H = 1.59$，$n_L = 1.64$，$\lambda = 0.8\,\mu m$，$\Lambda = 0.6\,\mu m$，$f = 0.5$，$n_{TE2} = 1.616$，入射光为 TE 偏振光，入射角 $\theta = 0°$。可以看到，反射率随光栅深度大小的改变而平缓波动，但是在共振波长附近，当光栅深度发生微小变化时反射率大小急剧变化，表现出导模共振的特性。

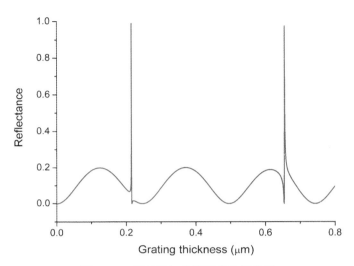

图 3-7 反射率与光栅深度之间关系

取图 3-7 共振时的最小光栅深度 $d_0 = 0.2132\ \mu m$，用严格的耦合波分析方法计算介质光栅的反射率与入射波长随光栅周期变化关系，得到图 3-8。计算发现，反射率的峰值位置对光栅周期的变化很敏感，当光栅周期由 $0.60\ \mu m$ 减小为 $0.59\ \mu m$ 时，峰值位置由 $0.8000\ \mu m$ 减小为 $0.7888\ \mu m$；当光栅周期由 $0.60\ \mu m$ 增大为 $0.61\ \mu m$ 时，峰值位置由

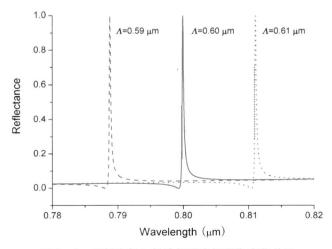

图 3-8 反射率与入射波长随光栅周期变化关系

0.800 0 μm 增大为 0.811 0 μm。从式(3-9)可以看到,在正入射的情况下,当光栅周期增大时,要激发导模共振,则对应的共振波长应增大,因而反射峰值向长波方向移动;同理,当光栅周期减小时,共振波长应向短波方向移动。

对图 3-7 的光栅结构取光栅层深度为其第二次共振时的光栅深度 $d_1 = 0.650 6$ μm,用严格的耦合波分析方法计算的反射率随波长变化曲线,得到图 3-9。可以看到,入射波长在 0.6~0.9 μm 的波长范围内,出现了双导模共振反射峰,形成了反射双通道现象。双共振峰的出现,是由于随着光栅深度的增加,满足共振条件的波长数目增加的原因造成的。从式(3-24)中可以看到,增加光栅层深度,则会增加式(3-24)这一超越方程的解的个数,理论上讲将会导致更多的共振峰出现。将图 3-7 对应的光栅结构的入射波长改变为 0.673 4 μm,用严格的耦合波分析方法计算反射率随光栅深度变化关系,得到图 3-10,其导模共振时的最小光栅深度为 $d_0 = 0.075 1$ μm,$\Delta d = 0.287 6$ μm。可见,光栅层深度 0.650 6 μm 对 0.673 4 μm 这一入射波长而言对应其第三次导模

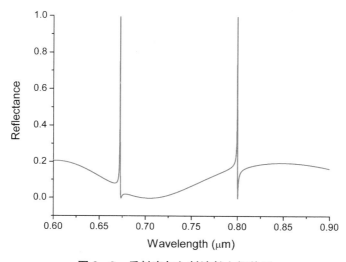

图 3-9　反射率与入射波长之间关系

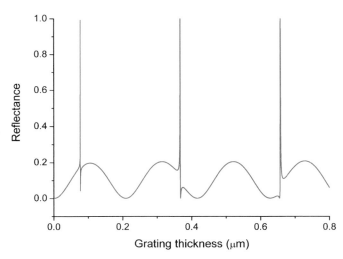

图 3-10　反射率与光栅深度之间关系

共振,而对 0.800 0 μm 这一入射波长而言对应其第二次导模共振,双共振反射峰的出现,正是由于该光栅深度同时满足这两个波长的共振条件造成的。根据式(3-9),可以知道这里光栅参数条件下的导模共振是入射波与±1 级衍射波之间耦合产生的。由于正入射时±1 级衍射波在光栅层中的衍射角相等,因而对每个共振峰而言其共振位置是简并的。可以想象,当改变入射角时,子波级次的空间对称性将被破坏,±1 级衍射波与入射波之间耦合的共振位置将分离,每个反射共振峰将分裂为两个。这一特征在图 3-3 中也得到反映。

　　图 3-11 是入射角为 1°的情况,可以看到,出现了四个共振峰,且每个共振峰的带宽都比正入射时的带宽小。和图 3-9 相比较,可以看到 0.673 4 μm 这一共振波长分裂的两个共振峰的波长为 0.667 4 μm 和 0.679 8 μm;0.800 0 μm 这一共振波长分裂的两个共振峰的波长为 0.792 4 μm 和 0.808 0 μm。由于入射角度改变很小,可以近似认为泄漏模的传播常数 β 不变,由式(3-28)可知,对于+1 级衍射波,共振位置向长波方向移动,对于-1 级衍射波,共振位置向短波方向移动。上述特

征在图 3-3 中也得到反映。利用导模共振对入射角的敏感性可以实现多通道滤光效应,同时还可以调节所需共振波长的位置。

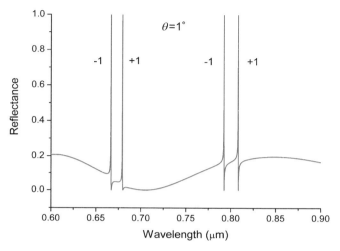

图 3-11 反射率与入射波长之间关系

图 3-12 和图 3-13 对应的介质光栅结构满足式(3-36-2),k 取 0。共振波长为 $0.650\,0\,\mu m$,$n_c = n_s = 1.38$,$n_H = 1.85$,$n_L = 1.79$,$\Lambda = 0.406\,1\,\mu m$,$f = 0.5$,$d = 0.178\,6\,\mu m$,入射光波为 TE 偏振光。

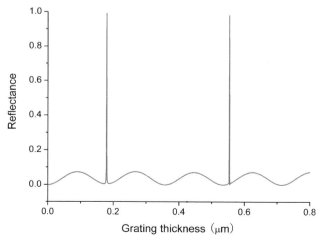

图 3-12 反射率与光栅深度之间关系

图 3-12 是用严格的耦合波分析方法计算的反射率随光栅深度变化曲线,图 3-13 是其反射率随入射波长变化曲线。从图 3-12 和图 3-13 中可以看到,由于滤光片的光栅参数满足式(3-36-2),因而所确定的介质光栅层深度 $d = 0.1786\,\mu m$ 对应的波长位置位于反射率的波谷,共振峰两侧的旁带反射率普遍较低,从而滤光片的窄带反射滤光性能良好。

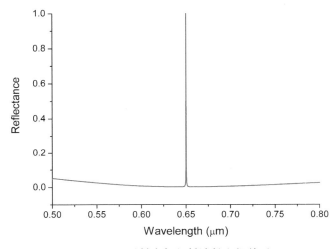

图 3-13　反射率与入射波长之间关系

3.5　抗反射结构的多层膜导模共振滤光片

在实际应用中,寻找性能良好的滤光的设计方法是研究者始终关心的问题。对于导模共振滤光片而言,单层膜结构的导模共振滤光片虽然易于设计,但是由于其自身结构简单,结构参数可挖掘的空间较小,且条件较为苛刻[见式(3-36-2)],因而难以满足人们的实际需求。于是,人们把目光投向了多层膜导模共振滤光片的研究中。很明显,由于多层膜导模共振滤光片的结构灵活多变,在合理选择光栅参数和入射条件的情况下,可以实现不同的滤光特性,比如说反射、透射型带通滤光片,偏振分离与转化的光学元件等[14,21]。与薄膜滤光片不同,导模共振滤光片只需要很少的膜层数,却可以获得很窄的带宽和高的反射或透射值,因而呈现出很好的应用前景[23]。

　　同单层膜波导光栅结构一样,在偏离或者远离共振区时,波导光栅可以看作均匀的薄膜,因此可以将光栅的导模共振效应和薄膜的干涉效应结合起来,采用薄膜光学中广泛采用的抗反射(AR)设计,在不影响共振峰峰值反射率的情况下,使旁带反射率被有效地抑制,从而设计出窄带、低旁带、线型对称的共振滤光片。本节以三层膜波导光栅结构为例,分析研究该结构光栅位于不同膜层位置情形的滤光特性,并讨论光栅调制率对光谱带宽大小的影响。

3.5.1　多层膜波导光栅模型

　　图 3-14 是 M 层结构的薄膜波导光栅示意图,它是由 1, 2, $\cdots$, $m-1$, m, $m+1$, $\cdots$, M 层多层膜组成,各层厚度分别为 d_1, d_2, $\cdots$, d_{m-1}, d_m, d_{m+1}, $\cdots$, d_M。光栅层位于第 m 层,它是由两种高低不同折射率分别为 $n_{m,H}$ 和 $n_{m,L}$ 的材料组成,光栅周期为 Λ,光栅深度为

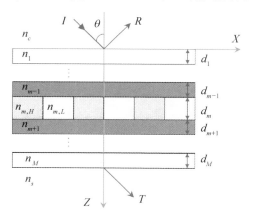

图 3-14　多层膜结构薄膜波导光栅示意图

d_m。入射媒质和基底的折射率分别为 n_c 和 n_s。θ 为任意给定的入射角，由于采用亚波长光栅结构，因而衍射级次只有零级。

根据有效媒质理论，对于亚波长光栅，光栅层可以近似处理为一均匀膜层，折射率为光栅层介质的等效折射率。对于 TE 偏振的入射波，可以得到多层膜波导光栅的本征值方程[3,23]：

$$P_cA + P_cP_sB + C + P_sD = 0 \qquad (3-38)$$

其中，A、B、C、D 是矩阵的四个分量，分别为

$$\begin{bmatrix} A & B \\ C & B \end{bmatrix} = \prod_{m=1}^{M} \begin{bmatrix} T_{11,m} & T_{12,m} \\ T_{21,m} & T_{22,m} \end{bmatrix} \qquad (3-39)$$

各个矩阵元素的定义为

$$\left.\begin{aligned} T_{11,m} &= \cos\gamma_m \\ T_{12,m} &= (-j\sin\gamma_m)/P_m \\ T_{21,m} &= -jP_m\sin\gamma_m \\ T_{22,m} &= \cos\gamma_m \end{aligned}\right\} \qquad (3-40)$$

其中，j 为虚数单位，$\gamma_m = k_0d_mP_m$，$k = 2\pi/\lambda$，d_m 为第 m 层的厚度，P_m、P_c 和 P_s 分别为

$$\left.\begin{aligned} P_m &= [n_m^2 - (\beta_m/k)^2]^{1/2} \\ P_c &= [n_c^2 - (\beta_m/k)^2]^{1/2} \\ P_s &= [n_s^2 - (\beta_m/k)^2]^{1/2} \end{aligned}\right\} \qquad (3-41)$$

其中，第 m 层的模传播常数 β_m 对所有的膜层而言为一固定值，对 TM 模，其本征方程与 TE 模的本征方程类似，只需将 P_m、P_c 和 P_s 分别替换为 TM 模的 $P_{m,TM}$、$P_{c,TM}$ 和 $P_{s,TM}$，此时有：

$$\left.\begin{array}{l} P_{m,\,TM} = P_m/n_m^2 \\[2mm] P_{c,\,TM} = P_c/n_c^2 \\[2mm] P_{s,\,TM} = P_s/n_s^2 \end{array}\right\} \qquad (3-42)$$

同时,传播常数 β_m 保持不变,共振时满足:

$$\beta_m = \beta_{i,\,\upsilon}/k = n_m \sin \theta_m - i\lambda/\Lambda \qquad (3-43)$$

式(3-43)中,i 为衍射级次($i=0,\pm 1,\pm 1,\cdots$),υ 是第 m 层的导模($\upsilon=0,1,2,\cdots$),Λ 为光栅周期。由式(3-15)和式(3-20),知此时弱调制情形下亚波长光栅的等效折射率 n_{eff} 的零级近似表达式为

$$n_m = n_{m,\,TE} = [fn_{m,\,H}^2 + (1-f)n_{m,\,L}^2]^{1/2} \qquad (3-44)$$

$$n_m = n_{m,\,TM} = n_{m,\,H}n_{m,\,L}/[(1-f)n_{m,\,H}^2 + fn_{m,\,L}^2]^{1/2} \qquad (3-45)$$

光栅层由高低折射率介质分别为 $n_{m,\,H}$ 和 $n_{m,\,L}$ 构成,f 为光栅层的填充系数,由导模共振的发生条件式(3-10),知此时多层膜结构波导光栅需满足:

$$\max\{n_c, n_s\} < \beta_m/k < \max\{n_{m,\,eff} \mid m=1,2,3,\cdots\} \qquad (3-46)$$

式(3-46)说明,为了保证导模共振能够发生,多层膜结构波导光栅中至少有一层的折射率需大于入射媒质和基底的折射率。而且,这一层可以是均匀膜层,也可以是光栅层,假如为光栅层,则对应光栅层的等效折射率。特别地,假如该结构为单层膜光栅结构,其本征值方程式(3-38)可以简化为式(3-24)。对于 TM 模情形,也可以采取类似的分析处理。

值得注意的是,严格地说,由于有效媒质理论仅仅适用于弱调制光栅(即光栅层介电常数差值大小 $\Delta\varepsilon\to 0$)和准静态极限($\Lambda\ll\lambda$)情形[24],因而,当光栅调制 $\Delta\varepsilon$ 不断增大或者光栅空间频率不断降低时,多层膜波

导光栅模型计算所得结果的精度就会不断降低。当 $\Delta\varepsilon$ 增大到某一值或者光栅空间频率降低到某一值时，多层膜波导光栅模型计算所得结果将是错误的，此时，意味着多层膜波导光栅模型已经失效。而矢量衍射理论却不受上述因素的限制，所得的结果始终是正确的。

3.5.2　设计分析

针对 $\lambda/4 - \lambda/4 - \lambda/4$ 型 AR 结构的波导光栅，下文以 TE 模情形为例来分析多层膜结构波导光栅设计的一般过程。对于三层膜结构，相当于图 3-14 中膜层厚度 d_4，d_5，$\cdots$，d_M 等于 0。

对于具有 AR 结构的三层膜，各膜层之间的折射率需满足如下关系：

$$\frac{n_1^2 n_3^2}{n_2^2} = n_c n_s \tag{3-47}$$

设计中，在维持光栅参数（包括膜层折射率、膜层厚度和光栅周期）和入射条件不变的情况下，仅仅改变波导光栅所在的膜层位置以及构成光栅层材料的折射率，就可以设计出共振波长不变、不同带宽的 $\lambda/4 - \lambda/4 - \lambda/4$ 型 AR 结构的波导光栅反射滤光片。这里，光栅层的等效折射率采用有效媒质理论的零级近似式(3-15)进行计算。

图 3-15 的反射率分布曲线对应的三层膜结构波导光栅，入射波为 TE 偏振光，入射角 $\theta = 0°$，光栅层位于第一层，各膜层介电常数 $n_{1H} = 1.67$（氧化铝），$n_c = n_{1L} = 1.0$，光栅层等效折射率 $n_{TE0} = 1.38$，$n_2 = 1.97$（二氧化铪），$n_3 = 1.76$（氟化铅），$n_s = 1.52$，光栅周期 $\Lambda = 0.433\ \mu m$。这是一种在操作上较易于实现的结构，采用全息光刻制作光栅掩模，再用离子束刻蚀转移光栅掩模图形的方法能够在实验中制备[25]。这里，设计的共振波长为 $0.71\ \mu m$。由于这里采用 $\lambda/4 - \lambda/4 -$

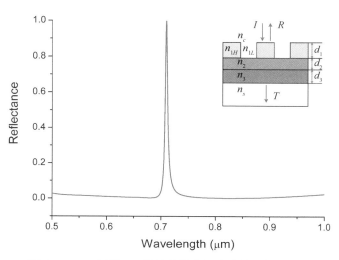

图 3‑15　三层膜 AR 结构波导光栅滤光片反射率曲线

$\lambda/4$ 多层膜 AR 结构，各膜层的厚度均为共振波长的四分之一光学厚度，即：

$$d_m = \lambda/4n_m,\ m = 1,\ 2,\ 3 \qquad (3-48)$$

当第 m 层为光栅层时，对应于光栅层的零级等效折射率。对于图 3‑15 所给出的膜层材料折射率，可以计算出各膜层的物理厚度依次为 $d_1 = 0.128\,6\ \mu m$，$d_2 = 0.080\,7\ \mu m$，$d_3 = 0.100\,9\ \mu m$。可以看到，在设计波长 $\lambda = 0.71\ \mu m$ 位置处出现了一个导模共振峰，峰值反射率为 1。该反射率曲线峰形分布较为对称，反射带宽也较窄(约 5.2 nm)，在波长大小在 607.7 nm $\leqslant \lambda \leqslant$ 892.3 nm 的范围内，旁带反射率低于 1%。这对实验中较易于制作的薄膜波导光栅反射滤光片而言，其反射率分布曲线是比较理想的。

众所周知，对多层膜而言，要获得窄带反射滤光效应，可以采用直接对高反膜进行优化、叠加两个带通滤光片、将布拉格反射镜引入迈克尔逊干涉仪中等方法[26-28]，但是这些方法一般所需的膜层数多(一般至少需要几十层),同时有些不利于制备,有些尺寸很大,不利于集成。近年来,也有研究者将金属引入薄膜中,从而获得金属—介质组成的窄带高反射多层膜结构,该结构薄膜的总厚度较小,对结构对称性要求不太高,制备也较为方便,不足之处是截止波段范围较窄,仅为 100 nm 左右[29,30]。最近,Wu 等人[31,32]对金属—介质窄带高反射多层膜结构进行了改进,通过合理调整金属层厚度以及匹配膜系结构,在确保高反射率的同时有效地拓宽了截止波段范围,并采用金属—介质多层膜结构实现了多通道窄带反射滤光效应。但是由于金属膜本身不可避免地存在吸收,因而峰值反射率不够理想,无论采取怎样的措施,其峰值反射率设计值永远不能达到 1。同时,其反射截止深度仍不够宽,反射带宽也不够窄,比如在可见光波段即便增加膜层数和膜层厚度也很难得到小于 1 nm 的带宽。与多层膜窄带反射滤光片不同,对于多层膜结构波导光栅滤光片,由于可以选取介质作为膜层材料,吸收很小,因而其反射率峰值设计值可以达到 1,同时反射带宽可以很窄(小于 0.1 nm),在可见光波段附近测量带宽约 1.2 nm 时峰值反射率测量值超过 90%[25]。此外,多层膜结构波导光栅滤光片所需的膜层数少,反射率曲线峰形分布对称,反射带截止深度宽,滤光性能优良,因而显示出较大的优越性和较好的应用前景。

图 3-16 为三层膜 AR 结构波导光栅滤光片反射率曲线,光栅层位于第二层。光栅参数 $n_1 = 1.38$,$n_{2H} = 2.02$,$n_{2L} = 1.92$,光栅层等效折射率 $n_{TE0} = 1.97$,$n_3 = 1.76$,$n_s = 1.52$,光栅周期 $\Lambda = 0.433 \, \mu m$,$d_1 = 0.128 \, 6 \, \mu m$,$d_2 = 0.080 \, 7 \, \mu m$,$d_3 = 0.100 \, 9 \, \mu m$,TE 偏振光,$\theta = 0°$。相当于图 3-15 对应的结构中光栅层移至第二层,而第一层用折射率等于 1.38 的均匀膜层来替代,其余的参数条件不变。注意到,此时的膜层折射率和厚度依然分别满足式(3-47)和式(3-48)。从图中可以看到,光谱的反射率曲线峰形对称,反射率峰值高(理论上为 1),带宽窄

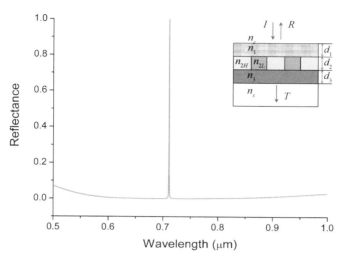

图 3 - 16　三层膜 AR 结构波导光栅滤光片反射率曲线

（约 0.4 nm）且反射截止带较宽，反射滤光性能良好。

　　与图 3 - 15 相比，图 3 - 16 的带宽更窄，这是由于两者光栅层的调制率不同造成的。光栅的调制率定义为[23]

$$\frac{\varepsilon_{mH} - \varepsilon_{mL}}{\varepsilon_{mH} + \varepsilon_{mL}} = \frac{n_{mH}^2 - n_{mL}^2}{n_{mH}^2 + n_{mL}^2}, \ m = 1, 2, 3 \qquad (3 - 49)$$

　　即构成光栅层介质材料的相对介电常数之差与相对介电常数之和的比值。式(3 - 49)中，m 为光栅层所在的膜层数，由于这里的波导光栅为三层膜结构，因而可以取值 1、2 或 3，分别对应光栅层位移第一、第二或第三层情形，ε_{mH} 和 ε_{mL} 分别为构成光栅层介质材料的高、低相对介电常数。一般而言，光栅的调制率增大，就会增加共振波长的泄漏，从而造成带宽的增加，而且，当光栅调制率在较小的范围内变化时，反射带宽随光栅调制率的增大线性增加[4,23]。图 3 - 15 的光栅层调制率为 0.052，较图 3 - 16 的光栅层调制率 0.47 小了许多，因而带宽更窄。通常，对于多层膜结构波导光栅滤光片，如果想进一步压缩带宽，获得更窄的反射峰,则可以在维持光栅层平均介电常数或者等效折射率不变的情况下,选择介电常数或者折射率更加接近的材料,使光栅层的调制率降低,从而在不改变反射光谱其他特性(比如共振波长、峰值反射率以及反射截止带宽)的前提下,达到降低反射带宽的目的,这在实际的光栅制备中具有较好的指导意义。

图 3-17 为三层膜 AR 结构波导光栅滤光片反射率曲线,光栅层位于第三层。光栅参数 $n_c = 1$,$n_1 = 1.38$,$n_2 = 1.97$,$n_{3H} = 1.88$,$n_{2L} = 1.63$,光栅层等效折射率 $n_{TE0} = 1.76$,$n_s = 1.52$,光栅周期 $\Lambda = 0.433\ \mu m$,$d_1 = 0.128\ 6\ \mu m$,$d_2 = 0.080\ 7\ \mu m$,$d_3 = 0.100\ 9\ \mu m$,TE 偏振光,$\theta = 0°$。相当于图 3-15 对应的结构中光栅层移至第三层,而第一层用折射率等于 1.38 的均匀膜层来替代,其余的参数条件不变。同样,此时的膜层折射率和厚度依然分别满足式(3-47)和式(3-48)。从图中可以看到,光谱的反射率曲线峰形对称,反射率峰值高(理论上为 1),带宽也较窄(约 2.5 nm),反射截止带宽较大,反射滤光性能良好。

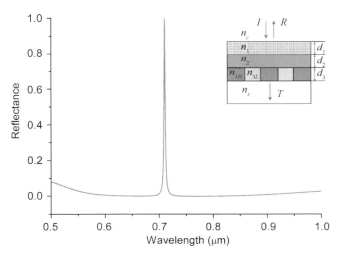

图 3-17　三层膜 AR 结构波导光栅滤光片反射率曲线

3.6　导模共振滤光片的电场增强效应

　　电磁场局域化增强效应是衍射光栅的一个重要特性。1997 年，Shore 等人通过对金属和介质组成的多层膜光栅的研究，指出光栅的衍射效应以及多层膜的干涉效应共同作用将导致多层膜光栅电场局域化增强[33]。由于电场分布直接影响衍射光学元件的损伤阈值，因而有关多层膜光栅电场分布的研究近年来引起了人们的关注[34,35]。此外，表面等离子体波激发也是造成金属光栅结构电场增强效应的重要原因[36,37]。

　　相比较而言，导模共振滤光片的电场增强效应研究较少。Ding 等人通过研究双周期导模共振泄漏模装置，指出利用泄漏模装置可以实现诸如带通滤光、宽带高反、偏振分离以及减反射在内的各种光学元件功能；他们同时还研究了这类光栅结构内部电场分布与光栅面型以及光栅调制率之间的关系[38]。Magnusson 等人随后对这类双周期导模共振泄漏模装置进行了系统研究，同时也研究了单周期导模共振泄漏模装置的电场分布，指出光栅电场增强驻波图样受光栅调制率影响很大[39,40]。Wei 等人采用双层亚波长单周期光栅结构，研究了导模共振滤光片的电场分布，指出由于正入射和斜入射情形下导模共振过程不同，因而光栅内部电场增强效应也不一样[41]。下文以单层膜单周期结构的导模共振滤光片为例，分析研究导模共振的物理机制以及多模共振情形下的电场增强效应。

3.6.1　导模共振的物理机制

　　首先分析导模共振发生的物理机制，其形成过程如图 3 - 18 所示。

该结构通常由基底、入射媒质、波导层和光栅层构成,它采用亚波长光栅结构,也就是入射媒质和基底中仅有零级衍射级次。这里仅考虑正入射情形,斜入射情形原理也类似。当不考虑衍射效应时,入射光由入射媒质入射到光栅层,然后在入射媒质中发生反射并在基底中透射。值得注意的是,由于光栅层的衍射效应,部分入射光被衍射到波导层中,而当这部分衍射光满足相位匹配条件时,它将在波导层上下界面发生多次全反射,并在波导层中形成沿相反方向传播的导模,从而在横向形成驻波场。这里,假设第 m 级导模的传播常数分别为 β_{+m} 和 β_{-m},正入射情形下两者大小相等,其大小满足式(3-46)。但是,由于波导层上方的光栅层为非均质层,因而导模在传播过程中将在光栅层中发生泄漏,形成泄漏模。当泄漏的导模与直接反射的反射光发生相长干涉时,反射光将获得接近100%的反射率,形成导模共振。从分析中可以看到,导模共振效应中,光栅层的主要作用是提供相位匹配条件,而波导层的主要作用是支持泄漏模的传播[42]。

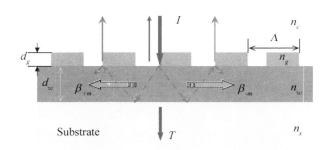

图 3-18 导模共振效应形成过程示意图

必须指出的是:假如采用斜入射,则在波导层中难以形成沿相反方向传播的泄漏模,即便斜入射情形时波导层中存在沿相反方向传播的泄漏模,但是由于两者的传播常数大小不等,因而将不会在横向形成驻波场。这正是文献[41]中采用斜入射时 TE、TM 偏振情形均未出现横向驻波电场增强效应的原因。

对于图 3-19 所示的单层膜光栅结构导模共振的物理机制,鲜有文献对此做出论述。Shin 等人认为[42,43]它仍然和图 3-18 中情形相同,只不过此时光栅层将同时担当光栅与波导的角色,因而同时具备相位匹配和波导功能。但遗憾的是,Shin 等人未能就这一问题在理论上予以实证,因而他们关于单层膜光栅导模共振效应形成过程的解释只能停留在定性解释阶段。

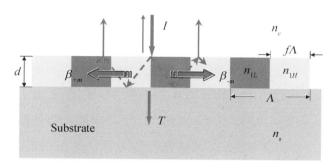

图 3-19 单层膜光栅导模共振效应形成过程示意图

3.6.2 多模共振的电场增强效应

下面以单层膜单周期光栅结构为例,进一步研究导模共振滤光片的电场特性。重点研究多模共振情形下的电场增强效应,研究光栅深度不断增大过程中电场增强效应的特征及其物理机制。结合光谱特点以及导模共振物理机制,分析电场增强效应的形成原因。这一研究同时为 Shin 等人[42,43]指出的单层膜光栅结构导模共振的发生机制提供了有力的理论依据,此外,它对高反镜损伤机理的研究也具有一定的指导意义。需要说明的是,这里所讲的单层膜单周期光栅结构,它的一个周期可以分成两部分,其结构图 3-19 所示,这里特别指出是为了与 Magnusson 等人[38-40]采用的双周期光栅结构(一个周期可以分成四部分)相区别。

这里以 TE 偏振为例分析研究单层膜光栅的电场特性。光栅结构如图 3-19 所示,光栅层材料折射率分别为 $n_{1H}=1.85$, $n_{1L}=1.7$,入射媒质和基底的折射率分别为 $n_c=1$, $n_s=1.52$,光栅深度 $d=0.169\,3\,\mu m$,光栅填充系数 $f=0.5$,光栅周期 $\Lambda=0.381\,3\,\mu m$,平面波正入射条件入射。设计波长 $\lambda=0.60\,\mu m$。这里采用弱调制光栅($\Delta\varepsilon/\varepsilon=0.169$)结构是为了能够更明显地观察到电场局域化增强效应。图 3-20 为该结构参数光栅的反射率曲线。可以看到,在设计波长 $\lambda=0.6\,\mu m$ 位置处出现导模共振反射峰,光栅具有窄带凹陷滤波功能。但是,该反射光谱旁带反射率较高,且有一定的起伏,滤光性能不是很好。这是因为这里的光栅深度虽然接近设计波长的二分之一光学厚度,但是由于采用非对称光栅结构,也就是 $n_c\neq n_s$,因而滤光性能不是很好。假如这里采用满足式(3-36-2)的光栅参数,反射滤光性能还可以得到较大改善。不过,由于这部分内容主要关心的是反射光谱的电场分布,因而选用非对称光栅结构这样的普遍情形加以研究。

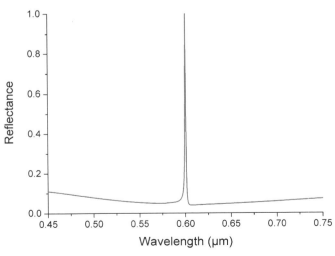

图 3-20 单层膜光栅反射光谱曲线

　　在图 3-20 对应的光栅参数条件下,针对 $\lambda = 0.60\ \mu m$ 这一共振波长,采用严格的耦合波分析方法计算可得到该共振波长在光栅中的电场分布,如图 3-21 所示。从图中可以看到,光栅层中出现明显的电场增强效应,其归一化振幅峰值达到 20.0。且电场增强表现出向基底方向辐射的趋势,这是由于基底折射率较入射媒质(这里为空气)高,因而模束缚功能较弱造成的[4]。同时,光栅层中 n_{1H} 的电场局域化增强效应较 n_{1L} 集中,电场局域化增强对应的区域面积较小,这是因为 n_{1H} 的折射率较大,所以能够更好地束缚泄漏模的能量。这里,由于光栅层的等效折射率高于入射媒质和基底折射率,因而它具备波导功能,从图中可以清晰看到它在纵向(Z 方向)所束缚的导模为 TE_0 模。此外,由于导模共振发生时相位匹配条件得以满足,± 1 级衍射级次能够在波导层中形成沿相反方向传播的导模,从而产生横向(X 方向)驻波场,表现出横向电场增强效应。从上述分析中可知,对于单层膜光栅结构导模共振的发生过程,光栅层的确同时兼具波导和相位匹配功能。

　　对于波导光栅,增加光栅深度能够增加它所束缚的导模数目,因而

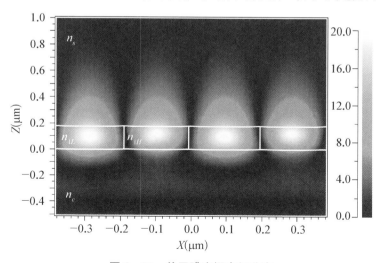

图 3-21　单层膜光栅电场分布

在维持光栅参数和入射条件不变的条件下,可以通过仅仅增加光栅深度的办法来实现多模共振[44]和多通道滤光效应[16]。这里,维持图 3 - 20 中光栅参数和入射条件不变,计算反射率随入射波长和光栅深度变化曲线,可得到图 3 - 22。从图 3 - 22 中可以看到,光栅深度的增加一方面引起等效波导层厚度的增大,导致共振波长向长波方向移动;另一方面,增加光栅深度也增大了波导所能支持泄漏模的数目,导致多模共振效应的产生[44]。图 3 - 22 中,在维持光栅深度和入射条件不变的情况下,选取不同的光栅深度,可以在相同的共振波长 ($\lambda = 0.60\ \mu m$) 位置处激发多个导模共振。这里,分别选取光栅深度为 $0.169\ 3\ \mu m$、$0.540\ 3\ \mu m$、$0.910\ 3\ \mu m$,可以在 $\lambda = 0.60\ \mu m$ 这一波长位置处激发泄漏模 TE_0、TE_1、TE_2 对应的导模共振,导致高阶模情形导模共振效应的产生。

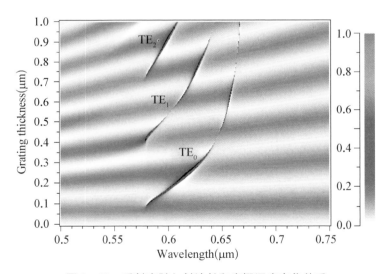

图 3 - 22　反射率随入射波长和光栅深度变化关系

图 3 - 23 为多模共振情形下的反射光谱曲线,其他光栅参数与图 3 - 20 相同。其中,泄漏模 TE_0、TE_1 和 TE_2 所激发的导模共振对应的光栅深度分别为 $0.169\ 3\ \mu m$、$0.540\ 3\ \mu m$ 和 $0.910\ 3\ \mu m$。从图中可以看

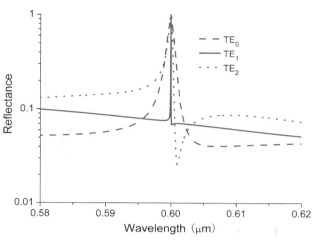

图 3-23   多模共振情形下的反射光谱曲线

到,维持其他光栅参数不变,选用不同光栅厚度,均可在设计波长 $\lambda = 0.60\ \mu m$ 位置处实现导模共振。但是,不同泄漏模所激发的导模共振半高宽度是不同的,其中,泄漏模 TE_1 所激发的导模共振半高宽度最小,泄漏模 TE_0 所激发的导模共振半高宽度最大。半高宽度的不同可能是由于光栅深度变化时耦合损失系数发生改变造成的[45]。

图 3-24 为设计波长 $\lambda = 0.60\ \mu m$ 所激发的导模共振 TE_1 和 TE_2 对应的电场分布。可以看到,由于增加光栅深度可以增加等效波导所支持的泄漏模数目,因而产生高阶模情形下的电场增强效应。这里,由于采用非对称光栅结构,基底折射率较入射媒质高,其模束缚功能相对较弱,因而电场增强呈向基底方向的辐射状。同时,由于光栅层中高折射率材料 n_{1H} 的折射率较高,因而电场局域化增强效应更加集中,其电场增强效应对应的区域面积也较小。此外,由于采用正入射,满足相位匹配条件时±1 级衍射级次能够在波导层中形成反向传播的导模,因而在横向产生驻波电场增强效应。值得注意的是,泄漏模 TE_1 对应的共振电场增强效应相当显著,其电场归一化振幅峰值高达 113.1,这是由于泄漏模 TE_1 对应的导模共振泄漏较少,光谱带宽较窄造成的。一般而言,光谱

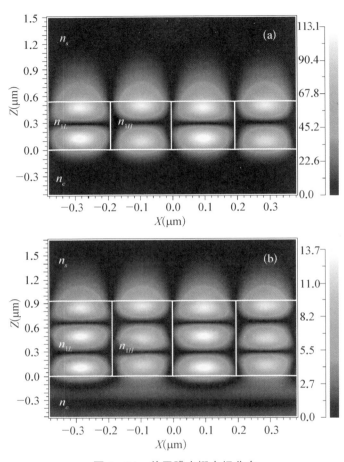

图 3-24 单层膜光栅电场分布

带宽越窄,电场增强效应的归一化振幅峰值也就越大[41]。也就是,电场增强的归一化振幅是衡量波导光栅泄漏程度的一个重要参量。不过,参看图 3-23,比较图 3-21 和图 3-24(b)就会发现,尽管泄漏模 TE_2 对应的光谱半高宽度比 TE_0 对应的半高宽度小,然而其电场增强效应却相对较弱,其电场增强的归一化增幅最大值为 13.7,而后者为 20.0。这是由于虽然泄漏模 TE_2 对应的光谱半高宽度较小,但是其反射光谱分布不对称,旁带反射率高且波动大,相比之下,其泄漏程度更为显著造成的。

3.7　本　章　小　结

本章从亚波长光栅、有效媒质理论以及导模共振的共振条件等概念出发,系统地介绍了弱调制光栅的薄膜波导分析方法。首先讨论有效媒质理论的有效性,指出在光栅结构参数已确定的情况下,对于 TE 模,当归一化光栅周期 $\Lambda/\lambda < 0.3$ 时,二级近似折射率 n_2 和精确近似折射率 n_{exact} 能够给出高精度的描述。而对于 TM 模,由于光栅层中高级次谐波的影响效应更为显著,导致采用不同形式等效折射率描述其光谱特性时精度下降。由于光栅层中存在高级次谐波的影响效应,此时,除 TE 模的二级近似折射率 n_2 和精确近似折射率 n_{exact},其他情形下采用等效折射率计算光栅光谱随刻蚀深度变化关系时,计算结果均可能存在较大的偏差,具有一定的不确定性。

以单层膜结构的波导光栅为例,讨论弱调制光栅导模共振滤光片的滤光特性及其物理机制。对光栅光谱中远离共振位置的情形,将波导光栅等效为平板波导,结合薄膜波导的本征值方程,深入研究导模共振的共振特性;从薄膜的特征矩阵方程入手,分析获得良好滤光性能的单层膜结构导模共振滤光片的思路,并得到它所满足的数学表达式。对正入射时导模共振产生的反射双峰及反射双峰分裂现象深入分析与阐释,并就导模共振对入射角和光栅周期敏感性的成因进行探讨。

为了实现良好的滤光特性,单层膜结构的波导光栅首先需满足折射率匹配条件,即入射媒质和基底的折射率相等($n_c = n_s$);同时,光栅层厚度需为入射波长的二分之一光学厚度的整数倍。条件比较苛刻,且结构参数可挖掘的空间也较小,因而难以满足人们的实际需求。而采用 AR 结构多层膜波导光栅则能够有效地弥补上述缺陷。对多层膜 AR

结构波导光栅,首先介绍其相应的薄膜波导模型,指出它是一种获得良好反射滤光片的途径,并对其设计思路进行分析。以 $\lambda/4-\lambda/4-\lambda/4$ 型 AR 结构的波导光栅为例,通过改变光栅层所在的位置,在维持光栅参数(包括膜层折射率、膜层厚度和光栅周期)和入射条件不变的情况下,仅仅改变波导光栅所在的膜层位置以及构成光栅层材料的折射率,就可以设计出共振波长不变、不同带宽的 $\lambda/4-\lambda/4-\lambda/4$ 型 AR 结构的波导光栅反射滤光片。计算结果表明,所设计的导模共振滤光片都具有良好的滤光特性。同时,对于光栅层位于第一层的情形,采用实际的镀膜材料,设计出一种操作上较易于实现、在宽光谱范围内具有良好反射特性的三层膜光栅结构。讨论波导光栅的调制率对反射带宽大小的影响。

此外,采用非对称单层膜弱调制亚波长光栅结构,研究正入射情形下多模共振情形的电场增强效应。研究结果表明,增加光栅深度可以增大波导光栅所束缚泄漏模的数目,导致高阶模电场局域化增强效应的产生。电场增强的归一化振幅是衡量波导光栅泄漏程度的一个重要参量,光谱带宽越大,其泄漏程度越显著,相应的电场增强归一化振幅就会越小。此外,单层膜波导光栅电场增强效应的研究为其导模共振物理机制提供了有力依据。

参考文献

1. D. H. Raguin and G. M. Morris. Antireflection structured surfaces for the infrared spectral region[J]. Appl. Opt,1993(32):1154 – 1167.

2. T. K. Gaylord,M. G. MoharAm. Analysis and applications of optical diffraction by gratings[J]. Proc. IEEE,1985(73):894 – 937.

3. 曹庄琪编著. 导波光学[M]. 北京:科学出版社,2007.

4. S. S. Wang and R. Magnusson. Theory and applications of guided-mode resonance filters[J]. Appl. Opt,1993(32):2606 – 2613.

5. S. M. Rytov. Electromagnetic properties of a finely stratified medium[J]. Sov. Phys. JETP，1956(2)：466 - 475.

6. P. Lalanne and J. P. Hugonin. High-order effective medium theory of subwavelength gratings in classical mounting：application to volume holograms [J]. Opt. Soc. Am，1998(A 15)：1843 - 1851.

7. P. Lalanne and D. Lemercier-Lalanne. Depth dependence of the effective properties of subwavelength gratings[J]. Opt. Soc. Am，1997(A 14)：450 - 458.

8. 金国藩，严瑛白，邬敏贤. 二元光学[M]. 北京：国防工业出版社，1998.

9. M. 玻恩，E. 沃耳夫. 光学原理[M]. 北京：科学出版社，1978.

10. A. Hessel and A. A. Oliner. A new theory of Wood's anomalies on optical gratings[J]. Appl. Opt，1965(4)：1275 - 1297.

11. P. Sheng，R. S. Stepleman，and P. N. Sanda. Exact eigenfunctions for square-wave gratings：application to diffraction and surface-plasmon calculations[J]. Phys. Rev，1982(B 26)：2907 - 2916.

12. I. A. Avrutsky and V. A. Sychugov. Reflection of a beam of finite size from a corrugated waveguide[J]. Mod. Opt，1989(36)：1527 - 1539.

13. R. Magnusson and S. S. Wang. New principle for optical filters[J]. Appl. Phys. Lett，1992(61)：1022 - 1024.

14. R. Magnusson，S. S. Wang，T. D. Black，and A. Sohn. Resonance properties of dielectric waveguide gratings：Theory and experiments at. 4 - 18 GHz[J]. IEEE Trans. Antennas. Propagat，1994(42)：567 - 569.

15. R. Magnusson，D. Shin，and Z. S. Liu. Guided-mode resonance Brewster filter[J]. Opt. Lett，1998(23)：612 - 614.

16. Z. Wang，T. Sang，L. Wang，J. Zhu，Y. Wu，and L. Chen. Guided-mode resonance Brewster filters with multiple channels[J]. Appl. Phys. Lett，2006(88)：251115.

17. 桑田，王占山，吴永刚，陈玲燕. 薄膜波导光栅滤光片反射特性研究[J]. 光子学报，2005(34)：1461 - 1465.

18. 桑田，王占山，吴永刚，林小燕，田国勋，陈玲燕. 亚波长介质光栅导模共振研究[J]. 光子学报，2006(35)：641 - 645.

19. T. Sang，Z. Wang，L. Wang，Y. Wu，and L. Chen. Resonant excitation analysis of sub-wavelength dielectric grating[J]. Opt. A：Pure Appl. Opt，2006(8)：62 - 66.

20. D. Marcuse. Theory of Dielectric Optical Waveguides[M]. New York and London：Academic press，1974.

21. H. A. Macleod. Thin-film Optical Filters[M]. London：Institute of physics publishing，1989.

22. S. Tibuleac and R. Magnusson. Reflection and transmission guided-mode resonance filters[J]. Opt. Soc. Am，1997(A 14)：617 - 1626.

23. S. S. Wang and R. Magnusson. Multilayer waveguide-grating filters[J]. Appl. Opt，1995(34)：2414 - 2420.

24. H. Kikuta，H. Yoshida，and K. Iwata. Ability and limitation of effective medium theory for subwavelength gratings[J]. Opt. Rev，1995(2)：92 - 99.

25. P. S. Priambodo，T. A. Maldonado，and R. Magnusson. Fabrication and characterization of high-quality waveguide-mode resonant optical filters[J]. Appl. Phys. Lett，2003(83)：3248 - 3250.

26. X. Wang，H. Masumoto，Y. Someno，L. D. Chen，and T. Hirai. Design and preparation of a 33 - layer optical reflection filter of TiO_2-SiO_2 system[J]. Vac. Sci. Technol，2000(A 18)：933 - 937.

27. 唐晋发，顾培夫，刘旭，李海峰. 现代光学薄膜测试[M]. 杭州：浙江大学出版社，2006.

28. T. Augustsson. Proposal of a DMUX with a Fabry-Perot all-reflection filter-based MMIMI configuration[J]. IEEE Photon. Technol. Lett，2001(13)：215 - 217.

29. M. Tan，Y. Lin，and D. Zhao. Reflection filter with high reflectivity and

narrow bandwidth[J]. Appl. Opt, 1997(36): 827 – 830.

30. X. Sun, P. Gu, W. Shen, X. Liu, Y. Wang, and Y. Zhang. Design and fabrication of a novel reflection filter[J]. Appl. Opt. 2007(46): 2899 – 2902.

31. Y. Wu, H. Jiao, D. Peng, Z. Wang, L. Fu, G. Lu, N. Chen, and L. Ling. Narrowband high-reflection filters with wide and low-reflection sidebands[J]. Appl. Opt, 2008(47): 5370 – 5377.

32. Y. Wu, L. Fu, D. Peng, H. Jiao, Z. Wang, G. Lu, N. Chen, and L. Ling. Multi-wavelength narrowband high-reflection filters with low-reflection sidebands[J]. Opt. Soc. Am, A (In Press).

33. B. W. Shore, M. D. Feit, M. D. Perry, R. D. Boyd, J. A. Britten, R. Chow, G. E. Loomis, and L. Li. Electric field enhancement in metallic and multilayer dielectric gratings[J]. Proc. SPIE, 1997(2633): 709 – 713.

34. S Liu, Y Jin, Y Cui, J Ma, J. Shao1 and Z. Fan. Characteristics of high reflection mirror with an SiO2 top layer for multilayer dielectric grating[J]. Phys. D: Appl. Phys, 2007(40): 3224 – 3228.

35. S. Liu, J. Ma, C. Wei, Z. Shen, J. Huang, Y. Jin, J. Shao, Z. Fan. Design of high-efficiency diffraction gratings based on total internal reflection for pulse compressor[J]. Opt. Commun, 2007(273): 290 – 295.

36. M. B. Sobnack, W. C. Tan, N. P. Wanstall, T. W. Preist, and J. R. Sambles. Stationary Surface Plasmons on a Zero-Order Metal Grating[J]. Phys. Rev. Lett, 1998(80): 5667 – 5670.

37. W. L. Barnes, A. Dereux, T, W. Ebbesen. Surface plasmon subwavelength optics[J]. Nature, 2003(424): 824 – 830.

38. Y. Ding and R. Magnusson. Resonant leaky-mode spectral-band engineering and device applications[J]. Opt. Express, 2004(12): 5661 – 5674.

39. R. Magnusson and Y. Ding. Spectral-band engineering with interacting resonant leaky modes in thin periodic films[J]. Proc. SPIE, 2005(5720): 119 – 129.

40. R. Magnusson and Y. Ding. Resonant leaky-mode photonic lattices with engineered spectra and device applications[J]. Proc. SPIE，2005（5931）：593101.

41. C. Wei，S. Liu，D. Deng，and J. Shen. Electric field enhancement in guided-mode resonance filters[J]. Opt. Lett，2006(31)：1223 - 1225.

42. D. Shin，S. Tibuleac，T. A. Maldonado，and R. Magnusson. Thin-film multilayer optical filters containing diffractive elements and waveguides[J]. Proc. SPIE，1997(3133)：273 - 286.

43. D. Shin，S. Tibuleac，T. A. Maldonado，and R. Magnusson. Thin-film optical filters with diffractive elements and waveguides[J]. Opt. Eng，1998(37)：2634 - 2646.

44. Z. S. Liu and R. Magnusson. Concept of multimode resonant optical filters[J]. IEEE Photon. Technol. Lett，2002(14)：1091 - 1093.

45. S. M. Norton，T. Erdogan，and G. M. Morris. Coupled-mode theory of resonant- grating filters[J]. Opt. Soc. Am，1997(A 14)：629 - 639.

第4章

多通道导模共振布儒斯特滤光片

4.1 引　　言

自从导模共振滤光片[1]的概念提出以来,导模共振滤光片在光学的各个领域中得到了广泛的应用。利用导模共振高衍射效率和窄带的性质,可以设计制作高反射元件、滤波器、偏振分离与转化元件,这些元件可以广泛应用于激光领域、光通信领域和光电子领域。近年来,大量关于导模共振的理论和实验[1-14]方面的报道也相继出现,证实了导模共振的正确性和制作的可行性。具有高衍射效率,工作在毫米波段[3]、微波波段[4]、近红外波段[5,6]和可见光波段[5]的导模共振滤光片也在实验中得以实现。此外,导模共振在生物[7]、传感[8]和医药[9]方面的应用也引起了人们的重视。

人们对导模共振滤光片的研究刚开始主要集中在 TE 偏振情形,而 TM 偏振[10-12]情形研究得相对较少。这是由于 TM 偏振在数值计算上收敛性通常较 TE 偏振差[11,12],而在分析物理现象时两者并无太大本质差异造成的。然而,随着人们对导模共振滤光片研究的不断深入, TM 偏振导模共振的研究渐渐引起了人们的关注。1998 年,Magnusson

等人[13]首次提出了 TM 偏振的导模共振布儒斯特滤光片概念,并实验验证了这类滤光片制作的可行性。为了进一步抑制导模共振布儒斯特滤光片的反射旁通带,Shin 等人[14]指出,可以采用在介质光栅中增加一层虚设层的方法来实现。

在大气监测和粮食检测等领域中,由于所要探测的成分对于不同的波长有不同的吸收,因而为了提高探测灵敏度,有时需要利用双波长或多波长[15,16]。近年来,随着光学技术的不断发展,为了使探测器件向微型化和集成化方向发展,迫切需要研制在所需波长点有高反射率或透过率、而在其他波长处有宽截止带的滤光片,即多通道滤光片[17,18]。与传统的滤光片相比,多通道滤光片的通道数目多于一个。在接收同样的信息量时,多通道滤光片可以简化整机的光学系统,减轻整机的载荷。因此,多通道滤光片在光学领域中具有较好的应用前景。

本章首先介绍导模共振布儒斯特滤光片的基本原理,然后在导模共振布儒斯特滤光片概念的基础上,提出多通道导模共振布儒斯特滤光片的概念及其设计方法,讨论其相应的衍射特性,并对影响导模共振布儒斯特滤光片的光栅参数进行系统研究,从而提供一种设计多通道导模共振布儒斯特滤光片的新方法[19-21]。

4.2　导模共振布儒斯特滤光片

众所周知[22],一般情况下,自然光入射到两种介质的界面上时,产生的反射光和折射光都是部分偏振光,反射光中垂直于入射面的光振动较强,折射光中平行于入射面的光振动较强。但是,光从折射率为 n_1 的介质射向折射率为 n_2 的介质,当入射角满足:

$$\tan i_0 = \frac{n_2}{n_1} = n_{21} \qquad (4-1)$$

反射光成为振动方向垂直于入射面的完全偏振光,这一定律称为布儒斯特定律,它是英国物理学家布儒斯特在 1815 年首次发现的。这里,i_0 称为布儒斯特角。光以布儒斯特角入射时,反射光线与折射光线互相垂直。

　　利用布儒斯特效应可以实现偏振光的获得和检测,还可以实现折射率的测量等。实际应用中,为了增加折射光的偏振程度,人们正是利用布儒斯特效应,采用玻璃片堆的方法来获得线偏振光。其基本原理如图 4-1 所示。

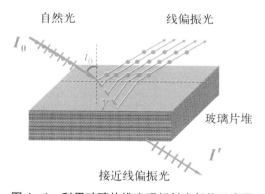

图 4-1　利用玻璃片堆实现折射光起偏示意图

　　1998 年,Magnusson 等人[13]在研究导模共振滤光片时发现.在一定的光栅参数和入射条件下入射的 TM 偏振光,当入射光的能量耦合到光栅的泄漏模时,导模共振效应就会取代 TM 偏振的反射极小效应,此时,布儒斯特效应为导模共振效应所取代,从而在布儒斯特角附近出现了反射率接近于 100% 的反射峰。Magnusson 等人在理论和实验研究中发现,除了共振峰附近,其他位置的角反射光谱与等效均匀膜层的角反射光谱十分相似,可以明显地看出布儒斯特效应的角反射光谱特点,因此,Magnusson 等人将这类滤光片命名为导模共振布儒斯特滤光片,也称共振布儒斯特滤光片,从而开辟了导模共振滤光片研究应用的又一个新领域。图4-2是Magnusson等人1998年给出的一个计算结果[13]。从图4-2(a)中可以看到,共振布儒斯特滤光片在布儒斯特角附近位置的确出现了一个反射共振峰,导模共振效应取代了TM偏振在布儒斯特角附近的反射极小效应。从图4-2(b)中可以看到,该滤光片工作在布儒斯特角位置时具有优良的反射滤光性能。

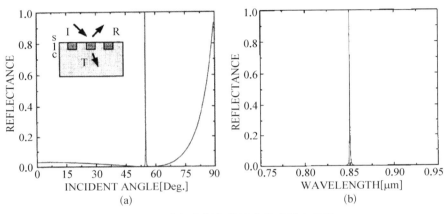

图4-2　共振布儒斯特滤光片反射率曲线

4.3　多通道导模共振布儒斯特滤光片

关于共振布儒斯特滤光片,一个值得关心的问题是:如何确定光栅层的等效折射率大小?因为光栅层等效折射率的确定决定了布儒斯特角的大小。Magnusson等人最初写的文章没有论述这一问题[13]。Shin等人[14]随后采取的办法是:将一定折射率大小的单层膜角反射光谱与共振布儒斯特滤光片中除共振位置附近以外的角光谱进行比较,两者最为接近的单层膜折射率即认为是光栅层的等效折射率。设计中,为了精确确定共振布儒斯特滤光片光栅层的等效折射率，需不断改变单层膜的折射率以确保单层膜的角反射光谱与共振布儒斯特滤光片除共振位置以外的角光谱最为接近，比较过程较为复杂，不利于在实际设计应用中推广。而且，他们关于共振布儒斯特滤光片的研究[13,14,23]也没有提到多通道情形，这样不利于光学器件的微型化和集成化，无疑又限制了共振布儒斯特滤光片的应用范围。

　　为此，本书利用有效媒质理论[24]，结合薄膜的传输矩阵方法[25]，采用严格的耦合波分析方法[26,27]，提出多通道共振布儒斯特滤光片的概念及其设计方法以及实现多通道效应的单层膜、双层膜共振布儒斯特滤光片的光栅结构。该方法同样适用于单通道共振布儒斯特滤光片的设计，且设计过程较为简便，可以获得性能良好的共振布儒斯特滤光片。同时，结合共振布儒斯特滤光片的泄漏模特征，对滤光片的带宽特性展开研究。

4.3.1　单层膜结构

　　单层膜共振布儒斯特滤光片的光栅结构最为简单，如图 4-3 所示。它由入射媒质、介质光栅层和基底构成。入射媒质和基底的折射率分别为 n_c 和 n_s，光栅层由两种高低折射率分别为 n_{1H} 和 n_{1L} 的介质组成，光栅填充系数为 f，光栅周期为 Λ，光栅深度为 d，入射光为 TM 偏振光，入射光在自由空间中波长为 λ，入射角为 θ。由于采用零级光栅结构，因而只有向前传播的零级透射波和向后传播的零级反射波。

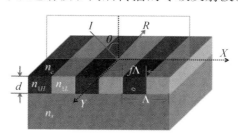

图 4-3　单层膜结构共振布儒斯特滤光片示意图

根据有效媒质理论,当光栅的周期小于入射光波长时,介质光栅可以等效为各向异性的均匀媒质。对 TM 偏振,其等效折射率的为[24]

$$n_{eff,TM}{}^{(2)} = (\varepsilon_{eff,TM}{}^{(2)})^{1/2}$$
$$= \left\{ \varepsilon_{0,TM} + \frac{\pi^2}{3} f^2 (1-f)^2 \left(\frac{1}{\varepsilon_{1H}} - \frac{1}{\varepsilon_{1L}} \right)^2 \varepsilon_{0,TM}{}^3 \varepsilon_{0,TE} \left(\frac{\Lambda}{\lambda} \right)^2 \right\}^{1/2} \quad (4-2)$$

其中:

$$\varepsilon_{0,TE} = f\varepsilon_{1H} + (1-f)\varepsilon_{1L}, \varepsilon_{0,TM} = \varepsilon_{1H}\varepsilon_{1L}/[f\varepsilon_{1L} + (1-f)\varepsilon_{1H}]$$
$$(4-3)$$

对入射的 TM 偏振光,当介质光栅的入射角等于等效单层膜对应的布儒斯特角,且入射光在周期波导的调制作用下使其泄漏模满足相位匹配条件时,在波导内传播的导波会沿零级衍射方向产生二次辐射,在界面上与直接反射的反射波发生相长干涉,从而在布儒斯特角附近获得接近 100% 的反射率。此时,对 TM 偏振而言,导模共振效应取代了布儒斯特角附近的反射极小现象,从而使光栅在布儒斯特角附近具有极高的衍射效率。而在远离布儒斯特角位置处,由于衰减的衍射级次具有很小的振幅和相位变化,衰减波与传播波的耦合效应可以忽略,此时光栅主要表现出等效单层膜的性质,其零级反射率可以近似等于等效单层膜的反射率。对于高空间频率光栅,当光栅层的调制率不是特别大时,式(4-2)右边的零级项(等效折射率与入射波长无关项)可以近似替代等效单层膜的折射率,于是,光栅层的等效折射率可以写成:

$$n_{eff,TM} = (\varepsilon_{0,TM})^{1/2} = \{ \varepsilon_{1H}\varepsilon_{1L}/[f\varepsilon_{1L} + (1-f)\varepsilon_{1H}] \}^{1/2} \quad (4-4)$$

由式(4-4),可以近似得到光栅层的等效折射率。结合薄膜的传输矩阵法,可以近似确定共振布儒斯特滤光片的布儒斯特角。然后,采用严格的耦合波分析方法,可以实现多通道共振布儒斯特滤光片衍射性能的分析计算。

下面对图 4-3 中给定参数结构的介质光栅进行计算。这里,$n_c = 1$,$n_{1H} = 2.02$,$n_{1L} = n_s = 1.46$,光栅深度 $d = 150.00$ nm(任意给定),设计波长 600.00 nm。由式(4-4)可得光栅层的等效折射率为 1.67。采用薄膜的传输矩阵法计算出等效单层膜的布儒斯特角为 59.93°。

当入射的 TM 偏振光以 59.93°入射到介质光栅上时,其反射率与光栅周期的关系如图 4-4 所示。可以看到,当光栅周期 Λ 为 257.07 nm 时,介质光栅的零级反射率接近 1。取光栅周期为 257.07 nm,计算反射率与入射角之间的关系,得到图 4-5。从图 4-5 中可以看到,在布儒斯特角附近果然出现了一个反射共振峰,导模共振效应取代了等效单层膜在布儒斯特角附近的反射极小效应。产生这一现象的原因是由于 +1 级衍射波耦合到光栅的泄漏模造成的。与 TM 偏振入射到介质分界面的情形不同,尽管入射波在膜层中的电场矢量沿反射方向,在镜像反射方向的零级衍射波依然可以得到几乎等于 1 的反射率。

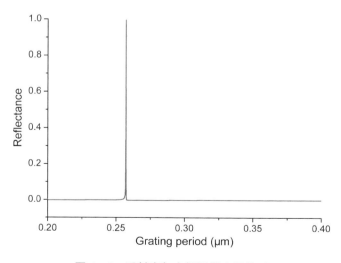

图 4-4 反射率与光栅周期之间关系

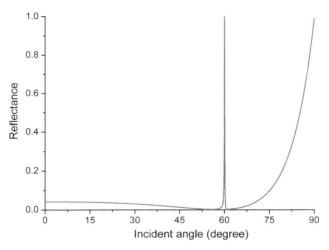

图 4 - 5　反射率与入射角之间关系

　　图 4 - 6 是反射率与光栅深度之间关系曲线,可以看到,当光栅深度在 $0 \sim 1\ \mu m$ 的范围内变化时,出现了三个导模共振峰,分别对应光栅深度为 150.00 nm、466.60 nm 和 783.50 nm 的位置,这三个位置分别对应于 TM_0、TM_1 和 TM_2 导模的第二禁带[28]。对远离共振位置的光栅深度而言,由于 TM 偏振在布儒斯特角附近的等效单层膜的反射率很低

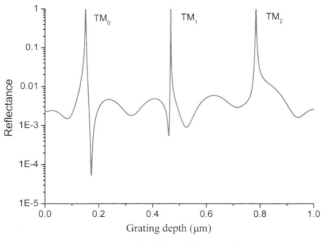

图 4 - 6　反射率与入射角之间关系

（$R<99\%$），反射率随光栅深度变化的波动明显地被抑制，从而表现出独特的反射率随光栅深度急剧变化的特性曲线。

　　维持其他光栅参数不变，选取不同的光栅深度，计算相应的反射率随入射波长变化关系，得到图 4 - 7。图 4 - 7（a）是取光栅深度为 150.00 nm 时的反射光谱曲线，它属于 1998 年 Magnusson 等人[13]提出共振布儒斯特滤光片概念时采用的单通道滤光情形。可以看到，该光谱曲线峰形分布对称，旁通带低，光谱范围较宽，滤光性能良好。对 TM 偏振而言，由于在布儒斯特角附近对应的等效单层膜的反射率很低，相应的介质光栅旁带反射率也就低。导模共振布儒斯特滤光片本质上是一种 AR 结构，这正是共振布儒斯特滤光片普遍具有低的反射边带的本质原因。因此，采用 AR 结构，可以获得正入射条件下滤光性能优良的多通道导模共振滤光片[29]。

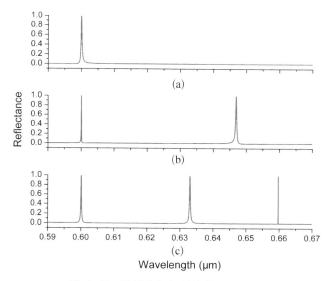

图 4 - 7　反射率与入射波长之间关系

　　维持其他光栅参数和入射条件不变，将光栅深度改为 466.60 nm （图 4 - 6 中 TM$_1$ 模对应的光栅深度），计算反射率与入射波长之间关系曲线,得到图 4-7(b)。可以看到,该曲线滤光性能良好,且具有双通道效应,两个共振波长分别为 600.00 nm 和 646.93 nm,依次对应于 TM_0 和 TM_1 模。TM_0 模的共振在该结构所支持的最大共振波长处被激发,且光栅参数的变化对光谱特性有较大的影响。由于共振处高级次的衍射波($i=+1$)耦合到给定的导模(TM_0 和 TM_1)且满足相位匹配条件,因此共振布儒斯特滤光片呈现出多模共振效应[30]。利用多模共振效应可以获得具有多通道效应的共振布儒斯特滤光片。图 4-7(c)为光栅深度等于 783.50 nm(图 4-6 中 TM_2 模对应的光栅深度)的情形,可以看到,此时得到了具有三通道滤光效应的共振布儒斯特滤光片,三个共振波长分别为 600.00 nm、632.99 nm 和 659.80 nm。沿短波方向出现的共振峰依次对应于 TM_0、TM_1 和 TM_2 模。从图中看到,该反射光谱曲线旁带的反射率低,且带宽很窄(TM_0、TM_1 和 TM_2 模共振峰对应的带宽分别为 0.01 nm、0.32 nm 和 0.21 nm),滤光性能好。

4.3.2　双层膜结构

从上一节可以看到,单层膜结构多通道共振布儒斯特滤光片结构简单,物理概念明晰,滤光性能好,且易于设计。但是,它也存在一定的问题,那就是不易于制备。因为,要想获得多通道,需要不断地增加刻蚀深度,通道数目越多,所需的刻蚀深度也就越大,这无疑给实际制备增加了难度。那么,如何在降低刻蚀深度的前提下同时又能实现良好的多通道滤光效应呢?一个很不错的选择是采用双层膜波导光栅结构。

双层膜结构多通道共振布儒斯特滤光片的设计思路是:采用一层折射率和光栅层等效折射率大小相等的均质层来替代部分光栅层,这样,就可以通过增加均质层厚度而非光栅层厚度来实现多通道滤光效应,其设计思路如图 4-8(a)所示。由于均质层的折射率和光栅层的等效折射率近似相等,因此,在布儒斯特角附近,反射率随均质层厚度变化的波动同样能够被有效地抑制,因而共振布儒斯特滤光片滤光性能良好。同时,光栅层深度是控制光谱带宽的一个有效手段,在维持光栅总厚度(光栅层和均质层物理厚度之和)不变的情况下,改变光栅层的厚度,通过角调节或者光栅周期调节,可以在相同的共振波长位置处实现不同带宽。

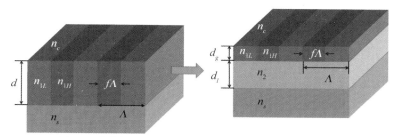

(a) 双层膜结构多通道共振布儒斯特滤光片设计思路示意图

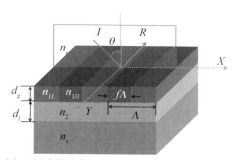

(b) 双层膜结构共振布儒斯特滤光片结构示意图

图 4 - 8

图 4 - 8(b)为双层膜结构共振布儒斯特滤光片结构示意图,从上到下依次为:入射媒质、光栅层、均质层和基底。入射媒质和基底的折射率分别为 n_c 和 n_s,光栅层由两种高低折射率分别为 n_{1H} 和 n_{1L} 的介质组成,光栅填充系数为 f,光栅周期为 Λ,光栅深度为 d_g。均质层的折射率为 n_2,厚度为 d_l。入射光为 TM 偏振光,入射光在自由空间中波长为 λ,入射角为 θ。由于采用零级光栅结构,因而衍射级次只有零级。

在上述想法的引导下,下文来分析设计双层膜结构的多通道共振布儒斯特滤光片。假设有这样一个单层膜,由上到下依次为入射媒质、膜层和基底,相应的折射率分别为 1、1.65 和 1.45,单层膜的厚度为 150 nm。对于入射波长为 600 nm 的 TM 偏振光,采用薄膜的传输矩阵法可以很容易计算得到其布儒斯特角为 59.79°。然后,我们将这厚度为 150 nm 的单层膜分为两部分:上面部分为光栅层,下面部分还是原来的均质层。这里,要求光栅层的等效折射率 n_{eff} 和均质层的折射率相等,都为 1.65,由式(4-4)可知,这一点是可以实现的。假设光栅层的厚度为 50 nm,那么下面的均质层厚度就应为 100 nm,与之相应,原来的单层膜结构也就变为了双层膜结构。

图 4-9 为双层膜结构共振布儒斯特滤光片的角反射光谱曲线。可以看到,在布儒斯特角(59.79°)附近处,出现了一个窄带高反射峰,导模共振效应取代了布儒斯特效应,表现出共振布儒斯特滤光片特有的角光谱性质。

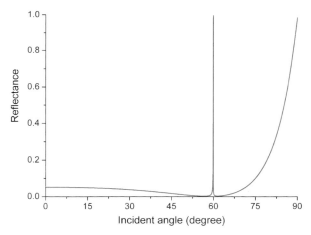

图 4-9 双层膜结构共振布儒斯特滤光片角反射光谱曲线

对于双层膜结构的共振布儒斯特滤光片,光栅深度是一种控制带宽的有效手段,在维持光栅总厚度($d_g + d_l = 150$ nm)不变的情况下,改变光栅层的厚度，通过光栅周期调节或者角调节，可以在相同的共振波长位置处获得不同带宽。图 4 - 10 为双层膜结构共振布儒斯特滤光片反射光谱曲线。相关的反射光谱特征参数可参考图 4 - 11 和表 4 - 1。由表 4 - 1 可以看到，TM 偏振光在布儒斯特角附近入射时，在设计波长 $\lambda = 600$ nm 位置处，反射带宽为 0.14 nm。由图 4 - 10(a)可见，在维持光栅总厚度不变的情况下，光栅层深度偏离 100 nm 这一设计值±20%，对共振波长的位置以及反射旁带影响很小，但是却促使反射带宽发生显著变化。这一特征在图 4 - 11 中能够得到更为明显的反映。造成这一现象的原因是光栅深度影响入射光和泄漏模之间耦合强度的大小，从而使得反射带宽大小变化较大。而由于双层膜结构共振布儒斯特滤光片的光栅层等效折射率和均质层的折射率近似相等，光栅层的深度变化对光栅总的光学厚度变化影响较小，因而共振波长位置仅发生微小移动。由图 4 - 10(b)和图 4 - 10(c)可见，通过光栅周期调节或者角调节，可以在相同共振波长 $\lambda = 600$ nm 位置处得到不同的反射带宽。这里，三个

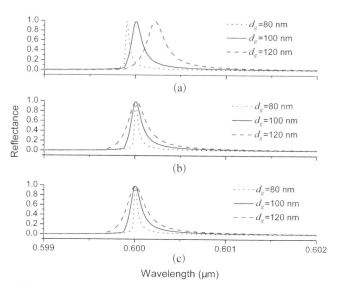

图 4 - 10　双层膜结构共振布儒斯特滤光片反射光谱曲线

反射带宽分别为 0.14 nm、0.04 nm 和 0.23 nm，在共振波长 $\lambda = 600$ nm 位置处，滤光片的窄带滤光性能良好。

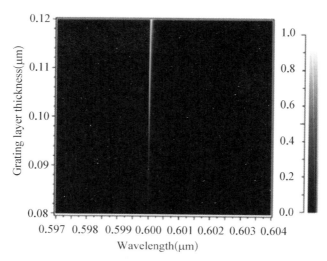

图 4 - 11　双层膜结构共振布儒斯特滤光片反射光谱的二维色度图

表 4 - 1　图 4 - 10(a)中不同光栅深度下的共振波长和带宽

光栅深度（nm）	共振波长（nm）	反射带宽（nm）
80	599.9	0.04
100	600.0	0.14
120	600.2	0.23

图 4 - 12 为双层膜结构共振布儒斯特滤光片反射率随均质层厚度变化关系曲线。TM 偏振光以入射角 $\theta = 59.79°$ 入射，光栅层深度 $d_g = 50$ nm 维持不变，其他光栅参数与图 4 - 9 相同。可以看到，当均质层厚度在 0～1 μm 的范围内变化时，出现了三个导模共振峰，分别对应于均质层厚度为 50 nm、431 nm 和 812 nm 的位置。这三个位置分别对应于 TM_0、TM_1 和 TM_2 导模的第二禁带。可以看到，由于采用布儒斯特角入射，反射率随均质层厚度变化的波动能够被有效地抑制，均质层

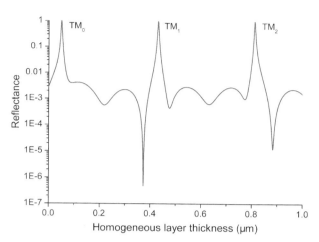

**图 4 - 12　双层膜结构共振布儒斯特滤光片反射率随均质层
厚度变化关系曲线**

厚度在 1 μm 的范围内变化,旁带反射的反射率波动低于 1%。

维持和图 4 - 12 相同的光栅参数和入射条件,选取不同的均质层厚
度,计算反射率随入射波长变化关系曲线,得到图 4 - 13。这里,选取的

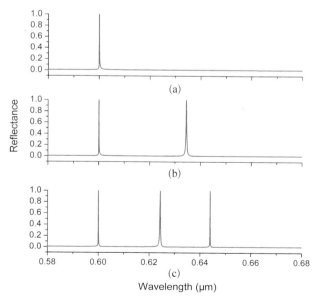

图 4 - 13　反射率与入射波长之间关系

均质层厚度分别为 50 nm、431 nm 和 812 nm,依次得到单通道、双通道和三通道共振布儒斯特滤光片的光谱曲线。由图 4-13 可见,该反射光谱曲线旁带反射率低,带宽很窄,滤光性能好。

4.4 共振布儒斯特滤光片的带宽控制

单层膜结构的共振布儒斯特滤光片存在的主要问题是:要想实现多通道滤光效应,需要增加光栅层深度,因此增加了制备难度。但是,如果采用光栅层等效折射率和均质层折射率相等的双层膜结构,则能够有效地降低刻蚀深度,从而弥补了单层膜结构共振布儒斯特滤光片固有的缺陷。不过,需要指出的是,前面介绍的单层膜结构和双层膜结构共振布儒斯特滤光片均为光栅填充结构,也就是,光栅层低折射率材料填充了一定的介质而非空气,这在实际制备中难度也较大。

实际应用中,人们通常更关心表面浮雕光栅结构(光栅层低折射率材料为空气,相当于图 4-3 和图 4-8 中 $n_{1L} = 1$ 的情形),因为这种结构更利于制备。那么,如何设计表面浮雕光栅结构的共振布儒斯特滤光片呢? 还有,光谱的带宽大小是反映滤光片滤光性能的一个重要指标,如何实现共振布儒斯特滤光片带宽控制显然也是值得关注的问题。下文以双层膜结构共振布儒斯特滤光片为例,对上述两个问题进行研究。

首先考虑如何实现表面浮雕光栅结构。对于表面浮雕光栅结构,相当于图 4-3 和图 4-8 中 $n_{1L} = 1$。由式(4-4)可知,影响光栅层等效折射率大小的因素除了光栅层材料的折射率 n_{1H} 和 n_{1L} 外,还有一个关键因素,那就是填充系数 f。这里,填充系数又称为占空比,是指光栅层高折射率材料对应的槽宽与光栅周期的比值。也就是,在构成光栅层材料折射率已经给定的情况下,改变光栅层的填充系数,光栅层等效折射率仍然可以改变。对于双层膜结构共振布儒斯特滤光片,光栅层等效折射率 n_{eff} 和均质层折射率 n_2 近似相等,当采用表面浮雕光栅结构,也就是 $n_{1L} = 1$ 时,由式(4－4),可以得到光栅填充系数所满足的关系式:

$$f = n_{1H}^2 \cdot (n_{eff}^2 - n_{1L}^2)/[n_{eff}^2 \cdot (n_{1H}^2 - n_{1L}^2)] \qquad (4-5)$$

值得注意的是,由于双层膜结构共振布儒斯特滤光片光栅层等效折射率和均质层折射率近似相等,也就是 $n_{eff} \approx n_2$,因此,对于表面浮雕光栅结构,光栅层高折射率材料的折射率 n_{1H} 需大于均质层材料的折射率 n_2,也就是:

$$n_{1H} > n_2 \qquad (4-6)$$

式(4－6)为表面浮雕结构双层膜共振布儒斯特滤光片的选材原则。下面,在上述想法的引导下,我们首先设计表面浮雕结构的共振布儒斯特滤光片,然后再分析研究其反射光谱带宽控制规律。

假设有这样一个单层膜,由上到下依次为入射媒质、膜层和基底,相应的折射率分别为 1、1.63 和 1.46,单层膜的厚度为 199 nm。对于入射波长为 650 nm 的 TM 偏振光,采用薄膜的传输矩阵法可以很容易计算得到其布儒斯特角为 56.72°。这里,采用双层膜共振布儒斯特滤光片结构,假设光栅层的深度为 100 nm,那么均质层厚度为 99 nm。如果光栅层高折射率材料的折射率 $n_{1H} = 2.05$,那么由式(4－5)可以计算得到填充系数 $f = 0.82$。

图 4－14 为表面浮雕结构双层膜共振布儒斯特滤光片的角反射光谱曲线。可以看到,在布儒斯特角 $\theta = 56.72°$ 附近,出现了一个高反射峰,导模共振效应取代了布儒斯特效应,表现出共振布儒斯特滤光片特有的角光谱性质。这里,导模共振的角反射带宽稍稍超出布儒斯特角附近反射极小的角度范围,这是由于采用表面浮雕光栅结构导致光栅层的

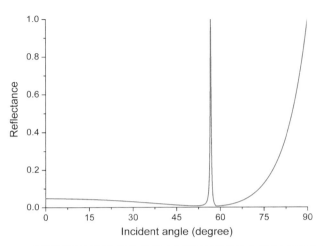

图 4‑14　表面浮雕结构双层膜共振布儒斯特滤光片角反射光谱曲线

调制率[这里为 $(n_{1H}^2 - n_{1L}^2)/n_{eff}^2$]增大造成的,关于光栅调制率的定义可参见第 3 章式(3‑49)。一般而言,薄膜的布儒斯特角附近反射极小效应是一种普遍存在的现象,它不依赖于膜层本身的某些特定值。但是,如果在保持光栅层等效折射率不变的情况下,不断地增加光栅层的调制率,那么,采用有效媒质理论计算所得的布儒斯特角就会与光栅实际的布儒斯特角出现较大的偏离。即此时导模共振反射峰带宽在增大的同时,其角反射共振位置还可能会偏离布儒斯特角反射率最低点位置。为了得到滤光性能好的共振布儒斯特滤光片,设计中通常希望导模共振峰在角光谱的反射率最低点处出现,这可以通过光栅周期调节来实现。

对于双层膜结构共振布儒斯特滤光片,光栅深度是一种控制光谱带宽的有效手段。在维持光栅总厚度($d_g + d_l$)不变的情况下,改变光栅层的厚度,通过光栅周期调节或者角调节,可以在相同的共振波长位置处获得不同带宽[20]。但是,在实际制备中,刻蚀过程中的深度误差总是不可避免的,这里,刻蚀深度误差可以分为两类:一类是欠刻蚀误差,另一类是过刻蚀误差,如图 4‑15 所示。欠刻蚀误差是指实际刻蚀深度小

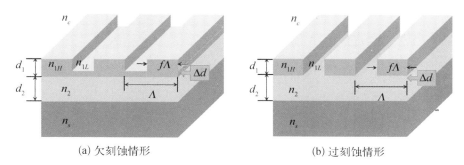

(a) 欠刻蚀情形   (b) 过刻蚀情形

图 4 - 15   刻蚀误差示意图

于设计值,这里表现为均质层 n_2 上还残留一层欠刻蚀厚度为 Δd 的高折射率均质层 n_{1H}。过刻蚀误差是指实际刻蚀深度大于设计值,这里表现为厚度为 Δd 的部分均质层 n_2 已经被刻蚀掉。图 4 - 16 为欠刻蚀和过刻蚀效应的反射光谱曲线,其他光栅参数和图 4 - 14 相同。从图 4 - 16(a)中可以看到,反射带宽对两种刻蚀误差不敏感。刻蚀深度偏离设计值 $\pm 20\%$,对共振位置、反射峰形以及旁带反射率的大小影响很小,而反射带宽和峰值反射率几乎保持不变,滤光片具有较好的制作容差。对于欠刻蚀情形,由于残留一层欠刻蚀的高折射率均质层 n_{1H},导致波导层有效厚度增加,从而使共振波长向长波方向移动。而对于过刻蚀情形,由于部分均质层 n_2 已经被刻蚀掉,导致波导层有效厚度减少,从而使共振波长向短波方向移动。由于过刻蚀和欠刻蚀情形几乎不改变反射光谱的带宽,因此,可以采用角调节在相同的共振位置得到相同的反射带宽。图 4 - 16(b)为采用角调节情形的反射光谱曲线,可以看到,通过采用角调节,在共振波长 $\lambda = 650$ nm 处,滤光片的反射带宽几乎保持不变,但是两种刻蚀误差都会导致反射旁带有一定起伏且分布不对称。对于欠刻蚀情形,反射旁带的反射率整体偏大,因此,在实际制备中,为了提高滤光片的反射滤光性能,应该尽量避免欠刻蚀情形。

图 4 - 17 为光栅填充系数 f 发生变化时的反射光谱曲线,其他光栅参数和图 4 - 14 相同,可以看到,当填充系数 f 发生改变时,共振位置、

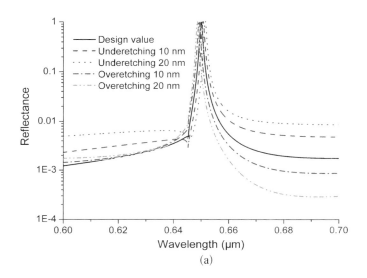

(a)

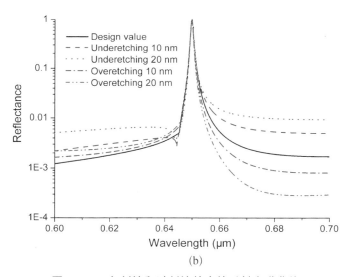

(b)

图 4 - 16 欠刻蚀和过刻蚀效应的反射光谱曲线

反射旁带、反射带宽以及反射峰形都发生显著变化。当 $f < 0.6$ 和 $f \to 1$ 时，导模共振反射峰几乎消失。不过，两者虽然现象上类似，但物理本质是不同的。导模共振在 $f < 0.6$ 时几乎消失的原因是：随着填充系数的不断减小，波导层的有效厚度在不断地降低，导致波导层太薄而不能够支持光栅的泄漏模。当 $f \to 1$ 时，导模共振趋于消失的原因是：光栅的耦合损失系数随填充系数呈正弦形式变化，因此，共振带宽在 $f \to 1$ 时趋于零[31]。此外，由于填充系数的变化导致光栅层等效折射率的改变，因此，共振位置随填充系数的变化而发生移动。值得注意的是，由于填充系数的改变导致光栅调制率的改变，同时，布儒斯特角附近反射极小效应也遭到破坏，因此，反射峰形以及旁带反射水平随填充系数的改变变化显著。

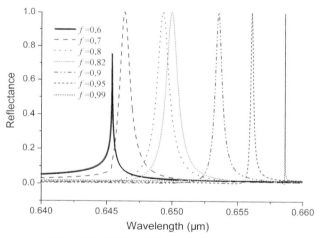

图 4 - 17　反射光谱随填充系数 f 变化曲线

图 4 - 18 为基底折射率 n_s 发生变化时的反射光谱曲线，其他光栅参数和图 4 - 14 相同。从图 4 - 18 可以看到，当基底折射率发生改变时，共振位置发生了较大的移动，带宽变化显著，但是对反射旁带的影响较小。分别选取基底折射率为 1.38、1.46 和 1.52，可以依次得到 1.47 nm、1.05 nm 和 0.24 nm 的反射带宽。当基底折射率增加时，反射带宽降低；当基底折射率降低时，反射带宽增加。这是由于模束缚程度(折射率

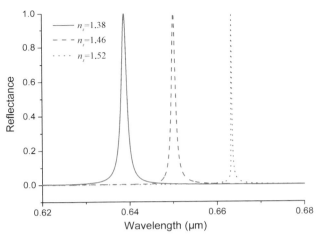

图 4 - 18 反射光谱随基底折射率 n_s 变化曲线

在边界位置差值大小)是随基底折射率的增加而降低的,导致反射带宽的减小[32]。当基底折射率接近波导折射率,也就是 $n_s \rightarrow 1.63$ 时,反射带宽趋于零。此时,由于基底折射率接近波导折射率,波导层实际上已经名存实亡,因而入射光不能够耦合到光栅的泄漏模中,致使导模共振效应消失。

图 4 - 19 为反射率随均质层厚度变化曲线,入射角 $\theta = 56.72°$,其他光栅参数和图 4 - 14 相同。可以看到,当均质层厚度在 $0 - 1.2\ \mu m$ 的

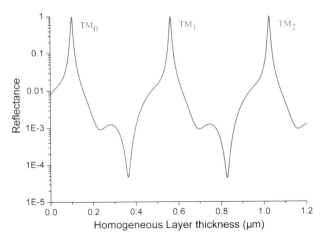

图 4 - 19 反射率随均质层厚度变化曲线

范围内变化时，出现了三个导模共振峰，对应的均质层厚度为 99 nm、562 nm 和 1 025 nm，它们分别对应于 TM_0、TM_1 和 TM_2 导模的第二禁带。增加均质层厚度导致波导光栅能够支持更多的泄漏模，因而呈现出多模共振效应[30]。由于采用在布儒斯特角附近入射，反射率随均质层厚度变化的波动能够被有效地抑制。同时，均质层厚度能够有效地改变光栅的耦合强度，当均质层厚度增加时，在相同的共振位置处，光栅的耦合强度降低，导致反射带宽减小。因此，在保持其他光栅参数和入射条件不变的情形下，可以通过仅仅改变均质层厚度的办法，在相同的共振位置处得到不同的反射带宽。

图 4 - 20 为反射光谱随均质层厚度 d_l 变化曲线，所选用的均质层厚度分别为 99 nm、562 nm 和 1 025 nm，它们分别对应于 TM_0、TM_1 和 TM_2 导模的第二禁带。可以看到，在保持其他光栅参数和入射条件不变的条件下，仅仅通过改变均质层厚度，不需要采用光栅周期调节或者角调节，可在设计波长 $\lambda = 650$ nm 处获得不同的反射带宽。注意到随着泄漏模数目的增加反射带宽减小，但是反射峰峰形和反射旁带几乎不受影响，反射光谱同时具备窄带、高峰值反射率和低旁带反射的特征，滤

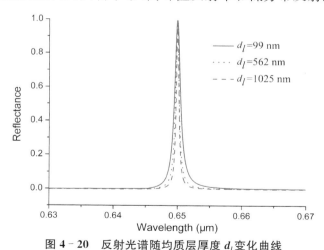

图 4 - 20　反射光谱随均质层厚度 d_l 变化曲线

光片的滤光性能好。

4.5　本　章　小　结

本章利用有效媒质理论，结合薄膜的传输矩阵方法以及平板波导理论，采用严格的耦合波分析方法，提出多通道共振布儒斯特滤光片的概念及其设计方法以及实现多通道效应的单层膜、双层膜共振布儒斯特滤光片的光栅结构。该方法同样适用于单通道共振布儒斯特滤光片的设计，且设计过程较为简便，可以获得性能良好的共振布儒斯特滤光片。

多通道共振布儒斯特滤光片可以采用单层膜结构来实现，也可以采用双层膜结构来实现。该双层膜结构包含一层均质层和一层光栅层，通过选择合适的光栅参数使光栅层的等效折射率与均质层的折射率相等。由于光栅层的等效折射率与均质层的折射率相等，反射率随均质层厚度变化的波动能够被较好地抑制，因此可以通过增加均质层的厚度而不是光栅层深度来实现多通道效应，降低了刻蚀深度和制备难度。同时，对于双层膜结构的共振布儒斯特滤光片，光栅深度是一种有效控制带宽的手段，通过改变光栅深度，结合角调节或者光栅周期调节，可以在相同的共振波长位置处得到不同带宽、低反射旁通带的窄带滤光片。

本章最后研究了表面浮雕光栅结构共振布儒斯特滤光片的实现方法以及双层膜结构共振布儒斯特滤光片的带宽控制规律，指出刻蚀深度误差对反射带宽影响很小，但是光栅的填充系数和基底折射率对反射带宽影响很大。同时，均质层厚度能够改变光栅耦合强度的大小，因此，可以通过仅仅改变均质层厚度的办法在相同共振位置处得到不同的反射带宽。

参考文献

1. R. Magnusson and S. S. Wang. New principle for optical filters[J]. Appl. Phys. Lett，1992(61)：1022 - 1024.

2. A. Hessel and A. A. Oliner. Anew theory of Wood's anomalies on optical gratings[J]. Appl. Opt，1965(4)：1275 - 1298.

3. V. V. Meriakri，I. P. Nikitin，and M. P. Parkhomenko. Frequency characteristics of mental-dielectric gratings[J]. Radiotekhnika elektronika，1992(37)：604 - 611.

4. R. Magnusson，S. S. Wang，T. D. Black，and A. Sohn. Resonance properties of dielectric waveguide gratings：theory and experiments at 4 - 18 GHz[J]. IEEE Tran. Antennas Propagat，1994(42)：567 - 569.

5. A. Sharon，D. Rosenblatt，and A. A. Friesem. Resonant grating-waveguide structure for visible and near infrared radiation[J]. Opt. Soc. Am，1997(A 14)：2895 - 2993.

6. P. S. Priambodo，T. A. Maldonado，and R. Magnusson. Fabrication and characterization of high-quality waveguide-mode resonant optical filters[J]. Appl. Phys. Lett，2003(83)：3248 - 3250.

7. D. Wawro，S. Tibuleac，R. Magnusson，and H. Liu. Optical fiber endface biosensor based on resonance in dielectric waveguide gratings[J]. Biomedical Diagnostic, Guidance, and Surgical-Assist Systems II，Proc. SPIE，2000(3911)：86 - 94.

8. B. Cunningham，P. Li，B. Lin and J. Pepper. Colorimetric resonant reflection as a direct biochemical assay technique[J]. Sen. Actuators，2002(B 81)：316 - 328.

9. M. Cooper. Optical biosensors in drug discovery[J]. Nat. Rev. Drug. Discov，2002(1)：515 - 528.

10. D. L. Brundrett，E. N. Glytsis，and T. K. Gaylord. Homogeneous layer models for high-spatial-frequency dielectric gratings：conical diffraction and

antireflection designs[J]. Appl. Opt，1994(33)：2695 - 2706.

11. P. Lalanne and G. M. Morris. High improver convergence of the coupled-wave method for TM polarization[J]. Opt. Soc. Am，1996(A 13)：779 - 784.

12. M. G. Moharam，E. B. Grann，D. A. Pommet，and T. K. Gaylord. Formulation for stable and efficient implementation of the rigorous coupled-wave analysis of binary gratings[J]. Opt. Soc. Am，1995(A 12)：1068 - 1076.

13. R. Magnusson，D. Shin，and Z. S Liu. Guided-mode resonance Brewster filter [J]. Opt. Lett，1998(23)：612 - 614.

14. D. Shin，Z. S. Liu，and R. Magnusson. Resonant Brewster filters with absentee layers[J]. Opt. Lett，2002(27)：1288 - 1290.

15. 是度芳，洪伟. 差分吸收激光雷达及激光系统[J]. 华中理工大学学报，1999(27)：40 - 43.

16. 刘兴利，王晓娜. 主次双波长光度法测定水体中的铁[J]. 化学研究与应用，2002(14)：421 - 422.

17. F. Qiao，C. Zhang，J. Wan，and J. Zi. Photonic quantum-well structures：multiple channeled filtering phenomena[J]. Appl. Phys. Lett，2000(77)：3698 - 3700.

18. Z. Wang，L. Wang，Y. Wu，L. Chen，X. Chen，and W. Lu. Multiple channeled phenomena in heterostructures with defects mode[J]. Appl. Phys. Lett，2004(84)：1629 - 1631.

19. Z. Wang，T. Sang，L. Wang，J. Zhu，Y. Wu，and L. Chen. Guided-mode resonance Brewster filters with multiple channels[J]. Appl. Phys. Lett，2006(88)：251115.

20. Z. Wang，T. Sang，J. Zhu，L. Wang，Y. Wu，and L. Chen. Double-layer resonant Brewster filters consisting of a homogeneous layer and a grating with equal refractive index[J]. Appl. Phys. Lett，2006(89)：241119.

21. T. Sang，Z. Wang，J. Zhu，L. Wang，Y. Wu，and L. Chen. Linewidth properties of double-layer surface-relief resonant Brewster filters with equal

refractive index[J]. Opt. Express，2007(15)：9659 - 9665.

22. 吴强，郭光灿. 光学[M]. 合肥：中国科学技术大学出版社，2001.

23. D. Shin，Z. S. Liu，and R. Magnusson. Theory and experiments of resonant waveguide gratings under Brewster incidence[J]. Proc. SPIE，1999(3778)：31 - 39.

24. S. M. Rytov. Electromagnetic properties of a finely stratified medium[J]. Sov. Phys. JETP，1956(2)：466 - 475.

25. H. A. Macleod. Thin-film Optical Filters[M]. London，Institute of physics publishing，1989.

26. T. K. Gaylord，M. G. Moharam. Analysis and applications of optical diffraction by gratings[J]. Proc. IEEE，1985(73)：894 - 937.

27. M. G. Moharam，E. B. Grann，D. A. Pommet，and T. K. Gaylord. Stable implementation of the rigorous coupled-wave analysis of surface-relief gratings：enhanced transmittance matrix approach[J]. Opt. Soc. Am，1995(A 12)：1077 - 1086.

28. D. L. Brundrett，E. N. Glytsis，T. K. Gaylord，and J. M. Bendickson. Effects of modulation strength in guide-mode resonant subwavelength gratings at normal incidence[J]. Opt. Soc. Am，2000(A 17)：1221 - 1230.

29. J. Ma，S. Liu，D. Zhang，J. Yao，C. Xu，J. Shao，Y. Jin，and Z, Fan. Guided-mode resonant grating filter with an antireflective surface for the multiple channels[J]. Opt. A：Pure Appl. Opt，2008(10)：025302.

30. Z. S. Liu and R. Magnusson. Concept of multimode resonant optical filters [J]. IEEE Photon. Technol. Lett，2002(14)：1091 - 1093.

31. D. Rosenblatt，A. Sharon，and A. A. Friesem. Resonant grating waveguide structures[J]. IEEE J. Quantum Electron，1997(33)：2038 - 2059.

32. S. S. Wang and R. Magnusson. Theory and applications of guided-mode resonance filters[J]. Appl. Opt，1993(32)：2606 - 2613.

第5章

亚波长光栅的宽带高反射效应

5.1 引 言

宽带高反镜是各种光学系统中重要的光学元件之一。金属高反镜通常具有较大的反射带宽，但是由于金属材料自身存在吸收，因而反射率相对较低。多层介质膜高反镜材料的吸收较小，在特定的波段内可以达到非常高的反射率，但是为了获得高反射宽带通常需要较多的膜层数，在薄膜沉积过程中需要对膜厚实现精确监控。此外，多层介质膜高反镜反射带的宽度仅取决于膜层的高、低折射率之比值，其带宽大小受到镀膜材料折射率大小的限制。分布布拉格反射镜（DBR）由于具有较高的热导率和电导率，近年来在可调谐半导体标准具中得到了较好的应用，比如：微电子机械垂直腔表面发射激光器（VCSELs）[1,2]、探测器[3]以及滤光片[4,5]等。但是，这类器件的反射带宽受材料折射率差值大小的限制，导致反射带宽以及相应的可调带宽范围通常局限在 $\Delta\lambda/\lambda \approx 3\% \sim 9\%$ 的范围内。与上述三类宽带高反镜不同，亚波长光栅宽带高反镜通常只需要极少的膜层数（甚至可以采用单层膜结构），却可以实现宽带高反射功能，峰值反射率高，反射带宽大，且反射带宽大小不受材料折射率差值大小的限制,因而呈现出较好的应用前景。

事实上,亚波长光栅的宽带高反射效应长期以来吸引着人们的关注,这里,特指宽带($\Delta\lambda/\lambda > 15\%$)和高反射($R > 99\%$)情形的亚波长光栅。1997 年,Tyan 等人设计制备了多层膜光栅偏振分束器,实现并验证了亚波长光栅的宽带高反射效应[6]。随后,Nie 等人研究了亚波长多层膜光栅的宽带高反射与多层膜膜对数之间的关系,指出当膜对数达到一定值时,就能实现宽带高反射效应[7]。实际上,多层膜亚波长光栅结构是利用光栅的导模共振效应和多层膜的干涉效应来实现宽带高反射效应的,反射带宽大小受到多层膜材料高低折射率比值大小的限制。同时,由于这类结构膜层数多,膜层间应力较大,不太容易制备[8],因而,人们渐渐把目光投向膜层数少、结构相对较为简单的宽带高反射光栅。

1998 年,Brundrett 等人尝试在蓝宝石基片上镀制硅膜($n = 3.48$),然后刻蚀硅膜得到单层膜结构光栅[9]。由于 Brundrett 等人所采用的光栅为强调制光栅(调制率为 0.85),反射光谱的角容差较大(约为 8°),因而克服了导模共振滤光片普遍角容差较小的缺陷。不过,Brundrett 等人所设计制备的光栅还不是真正意义上的亚波长宽带高反射光栅,宽带反射特性不理想。2004 年,Mateus 等人使用经过优化的光栅参数,采用低折射率覆层亚波长光栅,设计并成功制备宽带高反射光栅[10,11]。随后,Chen 等人对这类亚波长光栅的制作容差进行了系统分析[12]。但是,关于亚波长光栅宽带高反射效应的物理本质却一直困扰着人们。Mateus 等人[10,11]曾提醒大家应该关注这个问题,指出其宽带高反射效应至少不是由于“共振”引起的,并告诉大家他们随后将开展对这一问题的研究[10],但是很遗憾,他们后来没有给出答案。2006 年,Hane 等人在研究宽带自支撑反射光栅时指出,光栅的宽带效应源于导模共振效应[13]。不过,由于 Hane 等人所设计制备的宽带高反射光栅性能不好,而且,他们当时还没能对光栅宽带高反射效应的物理机制作出分析,因而并不能确切回答 Mateus 等人提出的问题。Ding 等人曾采用双周期光栅结构,实现了宽带高反射、偏振滤波和偏振无关效应[14,15],并指出其物理机制来源于非简并共振泄漏模之间的相互作用。2008 年,Magnusson 等人通过蚁群优化算法实现宽带高反射亚波长光栅设计,解释了宽带高反射光栅的物理机制,并正面回答了 Mateus 等人提出的问题,指出泄漏模的数目将影响亚波长高反射宽带的形成[16]。

5.2　低折射率覆层亚波长光栅

图 5-1(a)为 Mateus 等人 2004 年提出的低折射率覆层亚波长光栅结构,它通过采用优化的光栅参数,在亚波长光栅下面覆盖一层低折射率均质层得到[10]。这里,基底采用硅片,光栅层高折射率材料为多晶硅,低折射率材料为空气。光栅层下的低折射率覆层为石英。图 5-1(b)为相应的测量和实验曲线[11]。可以看到,这种结构具有宽带高反射效应,在波长为 1.40~1.67 μm(或者说 $\Delta\lambda/\lambda > 17\%$)的范围内反射率大于 99%。

然而,正如前面引言所说,Mateus 等人虽然给出了这类亚波长宽带高反射光栅的设计和实验结果,但是关于其物理机制当时却并不是很清楚。这期间,也有一些研究者对这一问题展开过研究,但真正揭晓这一问题答案的是 Magnusson 等人[16]。Magnusson 等人在 2008 年通过采用蚁群优化算法实现了宽带高反射亚波长光栅的设计,指出多个泄漏模共振的参与是导致宽带高反射效应形成的物理本质,并以 Mateus 等人的设计结果为例分析阐释了这一原理。图 5-2 为 Magnusson 等人[16]针对 Mateus 等人[10]的设计重新计算的结果,它和 Mateus 等人给出的

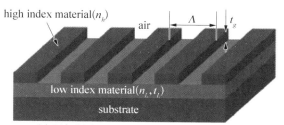

(a) 低折射率覆层亚波长光栅结构示意图

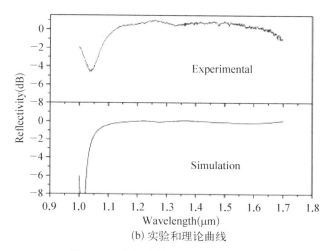

(b) 实验和理论曲线

图 5-1　光栅结构实验和理论曲线图

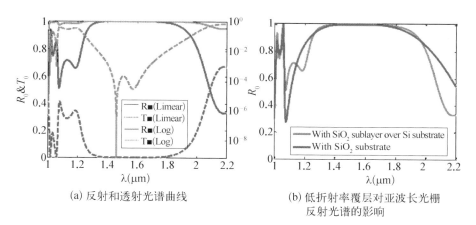

(a) 反射和透射光谱曲线　　　(b) 低折射率覆层对亚波长光栅
　　　　　　　　　　　　　　　 反射光谱的影响

图 5-2　亚波长宽带高反射光栅反射光谱理论曲线[16]

计算结果是一致的，所不同的是对 Mateus 等人的结果稍加处理了。图 5-2(a)为光栅光谱的理论曲线，由于这里同时采用指数坐标来表征光栅光谱，因此，通过借助指数坐标的透射光谱，可以看到多个导模共振的确存在于高反射宽带中。此外，从图 5-2(b)中可以看到，低折射率覆层对亚波长光栅宽带高反射效应影响很大，它能够有效地拓宽反射带宽的范围。这也和 Mateus 等人所得的结论是一致的。

5.3 多晶硅膜宽带高反射光栅

亚波长光栅的宽带高反射效应较早引起了人们的关注，但是关于其物理本质的研究却是直到最近才基本清楚的。但是，仍然存在一些值得思考的问题，比如，如何确定宽带中每个泄漏模共振的具体情形。这些具体的导模共振是怎样被激发的？Magnusson 等人 2008 年的文章中并没有给出答案。前面介绍的关于宽带高反射光栅的设计中，不外乎主要采用两类方式：一类是采用多层膜光栅结构[6,7]，一类是采用优化的光栅参数[10-12,16]。通常这类光栅结构相对较为简单，但是计算过程耗时较大。那么，能不能既不采用多层膜结构，也不采用优化的手段来实现亚波长宽带高反射光栅的设计呢？也就是，能不能采用一些近似方法来直接获取宽带高反射光栅的初始结构参数？下面的研究就是围绕上述问题展开的。

本书的思路是：利用有效媒质理论，将亚波长光栅等效为平板波导，结合导模共振的共振条件以及平板波导理论，近似确定出衍射级次和泄漏模之间的耦合位置。同时，通过比较光栅各级次的傅立叶系数，判定出衍射级次与泄漏模之间耦合强度的大小，从而细化并鉴别出各个导模共振在宽带展宽中的位置和贡献。然后，通过合理筛选和利用导模共振之间的相互作用，实现亚波长光栅的宽带高反射效应。采用这种方式设计宽带高反射光栅的好处首先是设计方法较为简便，同时也比较直观，物理概念清晰，能够较为直接地呈现宽带高反射光栅光谱的形成过程。除此之外，它还有利于对亚波长宽带高反射光栅进行系统分析。下面，在上述思想的指导下分析亚波长宽带高反射光栅的设计及其相关的衍射特性。

5.3.1　基本关系

图 5-3 为单层膜结构衍射光栅示意图。入射光为 TE 偏振光（电场矢量垂直于入射面），入射媒质和基底的折射率分别为 n_c 和 n_s，光栅层由折射率分别为 n_{1H} 和 n_{1L} 的两种材料交替构成，厚度为 d_1，光栅的填充系数为 f，光栅周期为 Λ。入射光波在自由空间中的波长为 λ，入射角为 θ_0。

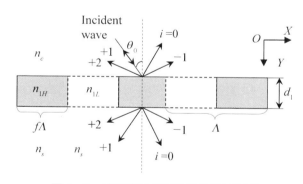

图 5-3　单层膜结构亚波长光栅示意图

对图 5-3 所示结构的衍射光栅，入射媒质和基底中存在传播的高级次衍射波，各级衍射级次满足光栅方程：

$$n_i \sin\theta_i - n_c \sin\theta_0 = \frac{m\lambda}{\Lambda} \qquad (5-1)$$

这里,n_c 为入射媒质的折射率,n_i 为衍射媒质的折射率(不是入射媒质折射率 n_c,就是基底折射率 n_s),θ_0 和 θ_i 分别为入射光和第 i 级次衍射光与光栅表面法线的夹角。λ 为入射光波在自由空间中的波长,Λ 为光栅周期。

对于亚波长光栅,入射媒质和基底中只存在零级传播的衍射级次,对于自由空间中波长为 λ 的光波,由光栅方程(5-1)可以得到光栅周期取值的上界,即:

$$\Lambda < \frac{\lambda}{n_c \sin\theta_0 + \max(n_c,\ n_s)} \qquad (5-2)$$

从上式可以看出,如果想不让光波的能量被分配到其他高级次的衍射级波中,光栅周期 Λ 需小于入射光波在自由空间中的波长 λ。

根据有效媒质理论[17],对于 TE 偏振入射的亚波长光栅,光栅层的等效折射率可以近似用有效媒质理论的零级近似来描述:

$$n_{eff} = [n_{1H}^2 f + n_{1L}^2 (1-f)]^{1/2} \qquad (5-3)$$

对于亚波长波导光栅结构,可以将光栅层等效为折射率为 n_{eff} 的平板波导,如果其第 υ 级模的等效折射率 N_υ 的取值范围满足:

$$\max(n_c,\ n_s) < |N_\upsilon| < n_{eff}. \qquad (5-4)$$

那么,导模共振效应就可能在这一亚波长波导光栅结构中被激发。不过,为了实现导模共振效应,亚波长波导光栅的泄漏模还需要满足相位匹配条件[18]:

$$N_\upsilon = \beta_\upsilon/k \approx (n_c \sin\theta_0 - m\lambda/\Lambda), \qquad (5-5)$$

式(5-5)中,β_υ 为第 υ 级模的有效传播常数,m 为衍射级次。上式表明高级次衍射波($|m| \geqslant 1$)能够存在于亚波长光栅区域中。结合

式(5-4)和式(5-5),可以确定出导模共振的参数范围。对于正入射情形 $(\theta_0 = 0°)$,结合式(5-2)—式(5-5),可以得到第 m 级衍射级次激发导模共振时光栅周期 Λ 的取值范围:

$$\frac{|m|\lambda}{n_{eff}} < \Lambda < \frac{\lambda}{\max(n_c, n_s)} \qquad (5-6)$$

对于亚波长波导光栅结构,还必须考虑的一个重要参数是光栅层厚度 d_1,因为只有当波导光栅具备了一定的厚度后,有效传播常数 β_v 才能够存在。此时,可以将波导光栅等效为平板波导,相应的本征值方程为[19]:

$$\kappa d_1 = \arctan(\gamma/\kappa) + \arctan(\delta/\kappa) + \upsilon\pi, \upsilon = 0, 1, 2\cdots \quad (5-7)$$

其中:

$$\kappa = (n_{eff}^2 k^2 - \beta_v^2)^{1/2} \qquad (5-8)$$

$$\delta = (\beta_v^2 - n_s^2 k^2)^{1/2} \qquad (5-9)$$

$$\gamma = (\beta_v^2 - n_c^2 k^2)^{1/2} \qquad (5-10)$$

这里,γ、κ 和 δ 分别为入射媒质、光栅层和基底中沿 Y 方向的波数,β_v 为第 υ 级模的有效传播常数,$k = 2\pi/\lambda$。

5.3.2　数值计算和分析

利用有效媒质理论,可以将亚波长光栅等效为平板波导。利用上一节给出的基本关系,能够近似确定出衍射级次和泄漏模之间的耦合位置,也就是导模共振的近似位置。此时,亚波长波导光栅的本征值方程可以转化为 $f(\lambda/\Lambda, d_1/\Lambda, |m|, \upsilon) = 0$ 的函数形式,其结果可以通过

数值寻根法求出。这种方法对弱调制光栅情形是比较准确和有效的[18,20]。对于强调制亚波长光栅情形,这种方法也能够给出比较好的近似解。

图 5-4 为利用上一节给出基本关系所确定的共振位置的近似解,共振位置如图中的实线和虚线所示。其中,圆圈表示 $d_1/\Lambda = 0.32$ 时导模共振对应的共振位置。这里借用 Ding 和 Magnusson 给出的表述方法[15,21],也就是,衍射级次和泄漏模之间的共振用 $TE_{m,v}$ 来表示,m 代表衰减的衍射级次,v 代表泄漏模。比如,第一级衍射级次和 TE_0 模之间的共振就可用 $TE_{1,0}$ 来表示,依此类推。由于横坐标中 $\lambda/\Lambda < 1$ 的区域为非亚波长区域,有高级次衍射波存在,而高级次衍射波将参与分配零级衍射级次的能量,因而这里不予考虑。从图中可以看到,衍射级次和导模之间的耦合导致导模共振的发生,增大波导层厚度的同时也增加了它所能支持的导模共振数目,因而呈现出多模共振的特性[22,23]。通过合理选取光栅深度,可以选择不同的衍射级次和泄漏模之间所激发的导模共振。值得注意的是,图中导模共振在零波导厚度附近仍然能够被激发,这是由于这里为对称平板波导结构造成的。

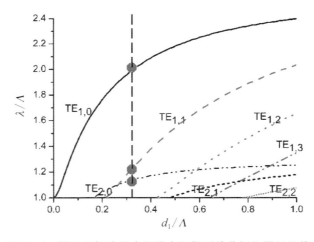

图 5-4　基于平板波导本征值方程得到的共振位置近似值

　　原则上,导模共振的带宽大小取决于入射光波和衍射级次之间的耦合强度大小,而耦合强度又是与光栅调制率联系在一起的。通常,耦合强度越大,导模共振的带宽也就越宽[24]。一级近似情况下,光栅的傅立叶谐波量 $|\varepsilon_q/\varepsilon_0|$ 能够表征第 q 级衍射级次和入射波在共振位置附近的耦合强度大小。此时,波导光栅的相对介电常数可以用傅立叶级数展开为[21]:

$$\varepsilon(x) = \sum_{-\infty}^{+\infty} \varepsilon_q \exp(jq\mathrm{K}x) \qquad (5-11)$$

$$\varepsilon_q = (n_{1H}^2 - n_{1L}^2) \frac{\sin(\pi qf)}{\pi q} \qquad (5-12)$$

　　这里,ε_q 为第 q 级傅立叶谐波系数,$K = 2\pi/\Lambda$,f 为光栅填充系数,ε_0 为波导光栅的平均相对介电常数。

　　图 5-5 为傅立叶谐波量 $|\varepsilon_q/\varepsilon_0|$ 随填充系数 f 变化关系。这里,傅立叶谐波量 $|\varepsilon_1/\varepsilon_0|$ 与第一级衍射级次相对应,傅立叶谐波量 $|\varepsilon_2/\varepsilon_0|$ 与第二级衍射级次相对应。从图 5-5 中可以看到,当填充系数 f 在 0~1

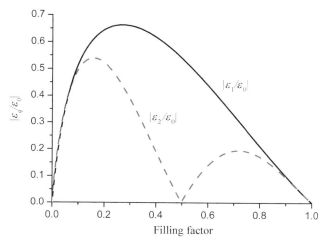

图 5-5　傅立叶谐波量 $|\varepsilon_q/\varepsilon_0|$ 随填充系数 f 变化关系

的范围内变化时，傅立叶谐波量 $|\varepsilon_1/\varepsilon_0|$ 总是高于傅立叶谐波量 $|\varepsilon_2/\varepsilon_0|$。在 $f=0.5$ 附近，两者的差距最大。此时，傅立叶谐波量 $|\varepsilon_2/\varepsilon_0|$ 已经很微弱，但是傅立叶谐波量 $|\varepsilon_1/\varepsilon_0|$ 仍然很强。由于导模共振通常与100%反射率联系在一起，因此，在填充系数 $f=0.5$ 处，利用耦合强度较大的第一级衍射级次所激发的多个导模共振，就可能实现衍射光栅的宽带高反射效应。

这里，所研究的波长范围为 $1.2\sim2.2\ \mu m$，该波长范围包含光通信中常用的 $\lambda=1.55\ \mu m$ 这一光波长。本书选择多晶硅作为光栅层中的高折射率材料，折射率为 $n_{1H}=3.48$，其他光栅参数为：$n_{1L}=n_c=n_s=1$，$f=0.5$，$\Lambda=1\ \mu m$，$d_1=0.32\ \mu m$，$n_{eff}=2.56$。在上述光栅参数条件下，从图5-4中可以看到，当 $d_1/\Lambda=0.32$ 附近时，衍射级次和泄漏模之间的共振只存在三种情形，那就是由 $TE_{2,0}$、$TE_{1,1}$ 和 $TE_{1,0}$ 所激发的导模共振。其中，导模共振 $TE_{2,0}$ 和第二级衍射级次相联系，由图5-5可知其耦合强度较弱，因而，相应的共振带宽应该较 $TE_{1,1}$ 和 $TE_{1,0}$ 共振情形的带宽小。值得注意的是，在所研究的波长范围（$1.2\sim2.2\ \mu m$）内，本书所选取的光栅参数满足零级光栅条件式（5-2）。

图5-6为多晶硅光栅的宽带反射光谱曲线，光栅结构如图5-3所示。这里，透射光谱采用指数坐标来表示，这样，就可以明晰地将共振位置及其对应的共振情形标注出来。可以看到，由于这里的亚波长光栅为强调制情形（调制率为0.85），每个导模共振的带宽都相对较大，因此多个导模共振（这里为 $TE_{2,0}$、$TE_{1,1}$ 和 $TE_{1,0}$）的叠加导致反射宽带的形成。同时，由于导模共振 $TE_{2,0}$ 源于第二级衍射级次所激发，其耦合强度相对较小，因而反射带宽也相对较小。注意到在波长 $\lambda=1.0\ \mu m$ 位置处有一个比较明显的反射下陷，这是由于在 $\lambda<1.0\ \mu m$ 附近入射媒质和基底中存在 ±1 级衍射级次造成的。从图中可以看到，对于给定的光栅参数，反射光谱中反射率波动较大，反射带宽不够平坦，宽带反射的

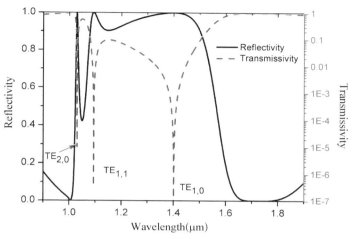

图 5-6　多晶硅光栅的宽带反射光谱曲线

特性并不好。这是由于以下两个原因造成的。首先是由于耦合强度较小的导模共振 $TE_{2,0}$ 过于接近反射宽带，影响了高反射宽带的连续性。其次是耦合强度较大的两个导模共振 $TE_{1,1}$ 和 $TE_{1,0}$ 之间距离过大，导致两者之间出现反射下陷，降低了宽带高反射的性能。解决上述问题的有效办法是在光栅下面增加一层多晶硅均质层。

　　图 5-7 为多晶硅膜光栅宽带反射光谱曲线，光栅结构如嵌入的示意图所示，光栅参数与图 5-6 相同，只不过在光栅层下面增加了一层厚度为 $d_2 = 48$ nm 的多晶硅均质层。这里，共振位置及其对应的共振情形通过透射光谱的指数坐标来反映。可以看到，由于所增加的多晶硅均质层厚度较小，导模共振的数目没有发生改变，因而可以在保证宽带反射的同时提高宽带反射的性能。由于增加了一层多晶硅均质层，波导层的有效厚度增加了，导致共振位置向长波方向移动。可以看到，在中心波长 $\lambda = 1.55$ μm 附近，在波长范围为 1.43 - 1.70 μm 的区域出现了一个高反射（$R > 99\%$）的宽带（$\Delta\lambda/\lambda > 17\%$）。这一宽带的形成是由于耦合强度较大的导模共振 $TE_{1,1}$ 和 $TE_{1,0}$ 发生混合，而耦合强度较小的导模共振 $TE_{2,0}$ 远离该高反射宽带造成的。需指出的是，并不是只有在导

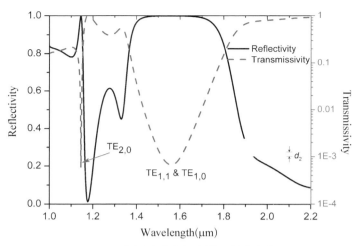

图 5-7　多晶硅膜光栅宽带反射光谱曲线

模共振 $TE_{1,1}$ 和 $TE_{1,0}$ 发生混合时才能实现宽带高反射效应，事实上，只要两者靠得足够近以至于高反射宽带中部没有出现反射下陷（$R<99\%$），同时，耦合强度较小的导模共振 $TE_{2,0}$ 远离该反射宽带即可。只要满足上述条件，导模共振 $TE_{1,1}$ 和 $TE_{1,0}$ 之间距离越大，则宽带高反射的带宽也就越大。通过上面的分析可知，亚波长光栅的宽带高反射效应源于多个耦合强度较大的导模共振的叠加与反射增强，这正是其宽带高反射效应形成的物理本质。值得一提的是，通过合理调节光栅参数，比如光栅深度、多晶硅均质层厚度以及光栅周期等，或者以该光栅参数作为初始结构参数采用蚁群算法[16,25]进行优化，光栅的宽带高反射特性还可以进一步得到提高。同时还需说明的是，假如将多晶硅膜置于基底上（比如熔石英等），仍然会有宽带高反射效应，但是此时需要减小光栅周期以确保在中心波长 $\lambda=1.55~\mu m$ 附近衍射光栅为亚波长结构，从而确保宽带高反射效应的产生。

　　图 5-8 为多晶硅膜光栅宽带反射随多晶硅均质层厚度 d_2 变化曲线，其他光栅参数与图 5-7 相同。从图 5-8(a)中可以看到，改变多晶

硅均质层厚度会造成反射带宽的移动，但是对反射带宽的大小影响不大。增加多晶硅均质层厚度将增大波导层的有效厚度，导致反射带宽向长波方向移动。此外，改变多晶硅均质层厚度时，短波方向的反射旁带变化比长波方向的显著，这是由于短波方向的反射旁带受到导模共振 $TE_{2,0}$ 的影响造成的。通常，对于窄带情形的导模共振，光栅周期是一种调节共振位置的有效手段，在一定的参数范围内，共振位置将随着光栅周期呈线性变化[8,18,26]。而对于宽带高反射光栅，高反射宽带的移动本质上是由于与之相联系的多个导模共振（这里为 $TE_{1,1}$ 和 $TE_{1,0}$）的共振位置发生群体迁移造成的，因此，同样可以采用光栅周期调节来实现高反射宽带位置的控制。图 5-8(b) 为采用光栅周期调节的多晶硅膜光栅宽带高反射曲线，可以看到，采用光栅周期调节后，对于不同的多晶硅膜厚度，都可以在中心波长 $\lambda=1.55\ \mu m$ 附近实现宽带高反射效应。

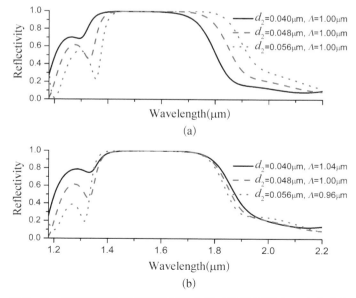

图 5-8　多晶硅膜光栅宽带反射随多晶硅均质层厚度 d_2 变化曲线

图 5-9 为多晶硅膜光栅宽带反射随光栅深度 d_1 变化曲线,其他光栅参数与图 5-7 相同。可以看到,光栅深度 d_1 的变化仅导致反射带宽位置发生微小移动,同时对带宽大小变化的影响也不是很明显。由于光栅深度增加,有效波导厚度也增加,因此反射带宽稍稍向长波方向移动。此外,由于增加光栅深度加剧导模共振 $TE_{1,1}$ 和 $TE_{1,0}$ 的混合程度,两者之间距离减小,导致反射带宽略有减小。注意到这里光栅的宽带反射特性对光栅深度变化不敏感,光栅深度改变 20 nm 对宽带位置以及宽带大小的影响很小,这一特点在实际制备中具有一定优势。

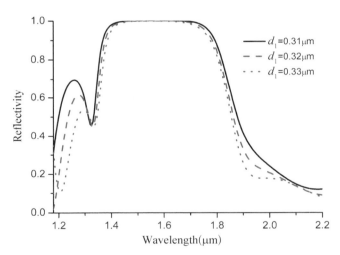

图 5-9　多晶硅膜光栅宽带反射随光栅深度 d_1 变化曲线

图 5-10 为多晶硅膜光栅宽带反射随入射角 θ_0 变化曲线,其他光栅参数与图 5-7 相同。可以看到,宽带反射对入射角较为敏感,当入射角 $\theta_0 > 1.5°$ 时,反射宽带位置以及带宽大小几乎保持不变,但是在宽带内,尤其是在反射旁带中会出现较大的波动。事实上,即便当入射角 $\theta_0 = 5°$ 时,反射宽带的大小和位置几乎保持不变,只不过反射宽带中部出现的反射下陷(透射峰)更加明显。产生这一现象的原因是衍射级次和泄漏模相互作用所激发的导模共振简并性在斜入射时被破坏造成的。

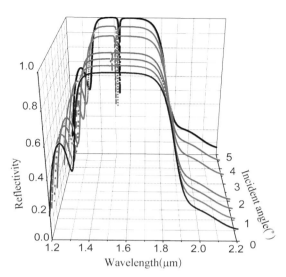

图 5‑10　多晶硅膜光栅宽带反射随入射角 θ_0 变化曲线

从式(5‑5)可以看到,$\pm m$ 级衍射级次传播常数 β_v 的绝对值在入射角 $\theta_0 \neq 0°$ 时是不相等的,因此,与 $\pm m$ 级衍射级次相联系的导模共振 $TE_{+m,v}$ 和 $TE_{-m,v}$ 将独立地表现出来。而正入射情形则不然,由于导模共振的简并性,导模共振 $TE_{+m,v}$ 和 $TE_{-m,v}$ 的共振位置是相同的。因此,在斜入射情形,由于导模共振的非简并性,$\pm m$ 级衍射级次所激发的导模共振的共振位置将不再重合,导致每个导模共振峰将分裂成两个[20,27]。比如,导模共振 $TE_{1,1}$ 和 $TE_{1,0}$ 将分裂成导模共振 $TE_{+1,1}$、$TE_{-1,1}$、$TE_{+1,0}$ 和 $TE_{-1,0}$,导致反射宽带中部出现反射下陷。同时,导模共振斜入射时的非简并性还导致反射旁带出现剧烈的反射波动。尽管反射宽带特性随着入射角的增大而开始下降,但是,其角容差还是足以保证宽带高反射效应的实现。

　　图 5‑11 为多晶硅膜光栅对中心波长 $\lambda = 1.55\ \mu m$ 的角光谱,其他光栅参数与图 5‑7 相同。从图中可以看到,对中心波长 $\lambda = 1.55\ \mu m$ 而言,多晶硅膜光栅具有宽带角光谱特性,在入射角处于 $\pm 5°$ 范围内,反射

率 $R>99\%$。这是由于导模共振 $TE_{1,1}$ 和 $TE_{1,0}$ 之间相互作用造成的。通常,对于单个导模共振而言,其角容差一般都比较小,这是由于导模共振对入射条件固有的敏感性造成的[18,26,27]。而对于宽带高反射情形,由于导模共振之间的相互叠加效应提供了一个高反射宽带,因此使得对中心波长的角容差增大。

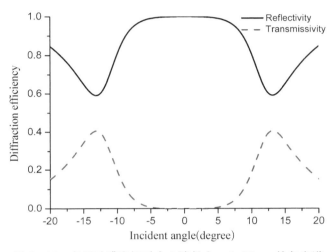

图 5-11 多晶硅膜光栅对中心波长 $\lambda = 1.55\ \mu m$ 的角光谱

图 5-12 为多晶硅膜光栅宽带反射随填充系数 f 变化曲线,其他光栅参数与图 5-7 相同。从图 5-12(a)中可以看到,反射宽带对填充系数的变化较为敏感。填充系数的改变不仅使得反射宽带发生明显移动,同时还使得反射宽带的特性发生较大改变。通常,对于窄带情形的导模共振,填充系数是一种控制带宽的有效手段,导模共振的反射带宽通常在填充系数 $f = 0.5$ 附近最大,而在填充系数 f 趋于 0 或 1 时趋于 0[26,28]。但是对于宽带情形的导模共振,填充系数所扮演的角色相对较为复杂。填充系数的改变不仅会引起光栅层等效折射率的改变,衍射级次和泄漏模之间耦合强度的改变,还会引起导模共振之间相对位置的改变,从而导致共振位置和反射宽带特性发生改

变。当填充系数增大时,光栅层的等效折射率增大,导致反射宽带向长波方向移动。由于宽带高反射效应是由多个导模共振的叠加造成的,而高反射带宽的大小主要取决于宽带内导模共振之间距离的大小,这里为导模共振 $TE_{1,1}$ 和 $TE_{1,0}$,因此,导模共振 $TE_{1,1}$ 和 $TE_{1,0}$ 之间距离的变化将引起带宽大小的改变。当填充系数减小($f < 0.5$)时,导模共振 $TE_{1,1}$ 和 $TE_{1,0}$ 之间距离减小使得导模共振混合程度提高,高反射带被压缩导致反射带宽减小。而当填充系数增大($f > 0.5$)时,导模共振 $TE_{1,1}$ 和 $TE_{1,0}$ 之间距离增大导致高反射宽带增大。当填充系数增大到一定程度时,导模共振 $TE_{1,1}$ 和 $TE_{1,0}$ 之间将出现比较明显的反射下陷($R < 99\%$),以至于多晶硅膜亚波长光栅的宽带高反射特性被破坏。从图中可以看到,当填充系数 $f \leq 0.4$ 或 $f \geq 0.6$ 时光栅的宽带高反射特性下降很大,可以认为其宽带高反射特性已被彻底破坏了。通过采用光栅周期调节,可以在中心波长 $\lambda = 1.55\ \mu m$ 附近实现宽带高反射效应,如图 5-12(b)所示。

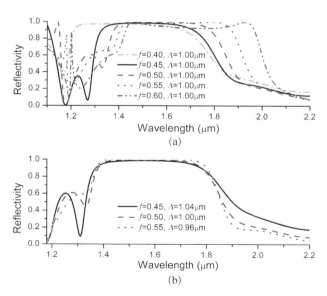

图 5-12　多晶硅膜光栅宽带反射随填充系数 f 变化曲线

5.4 本 章 小 结

本章从波导光栅的本征值方程出发,利用多模共振的叠加效应,分析设计了多晶硅膜宽带高反射亚波长光栅结构,并对其物理机制、光栅参数与入射条件展开系统研究。通过比较衍射光栅的傅立叶系数,判定出衍射级次与泄漏模之间耦合强度的大小,从而鉴别出各个导模共振在宽带高反射中的贡献。然后,再通过合理筛选和利用导模共振之间的相互作用,实现亚波长光栅的宽带高反射效应。研究表明,亚波长光栅的宽带高反射效应源于多个导模共振效应的叠加与反射增强;波导光栅的本征值方程是一种能够有效地分析设计亚波长光栅宽带高反射效应的近似方法;光栅周期是一种有效控制反射宽带位置的手段。

参考文献

1. C. J. Chang-Hasnain. Tunable VCSEL[J]. IEEE J. Select. Topics Quantum Electron,2000(6):978 - 987.

2. Y. Matsui, D. Vakhshoori, W. Peidong, C. Peili, L. Chih-Cheng, J. Min, K. Knopp, S. Burroughs, and P. Tayebati. Complete polarization mode control of long-wavelength tunable vertical-cavity surface-emitting lasers over 65 - nm tuning, up to 14 - mW output power[J]. IEEE J. Quantum Electron,2003(39):1037 - 1048.

3. G. S. Li, W. Yuen, and C. J. Chang-Hasnain. Wide and continuously tunable (30 nm) detector with uniform characteristics over tuning range[J]. Electron. Lett,1997(33):1122 - 1124.

4. C. F. R. Mateus, C. Chih-Hao, L. Chrostowski, S. Yang, S. Decai, R. Pathak, and C. J. Chang-Hasnain. Widely tunable torsional optical filter[J].

IEEE Photon. Technol. Lett，2002(14)：819 – 821.

5. S. Irmer, J. Daleiden, V. Rangelov, C. Prott, F. Romer, M. Strassner, A. Tarraf, and H. Hillmer. Ultralow biased widely continuously tunable fabry-perot filter[J]. IEEE Photon. Technol. Lett，2003(15)：434 – 436.

6. R. -C. Tyan, A. A. Salvekar, H. -P. Chou, C. -C. Cheng, A. Scherer, P. -C. Sun, F. Xu, and Y. Fainman. Design, fabrication, and characterization of form-birefringent multilayer polarizing beam splitter[J]. Opt. Soc. Am，1997 (A 14)：1627 – 1636.

7. Y. Nie, Z. Wang, and C. Lai. Broad-linewidth bandstop filters with multilayer grating structure[J]. Proc. SPIE, 2002(4927)：357 – 365.

8. J. -S. Ye, Y. Kanamori, F. -R. Hu, and K. Hane. Rigorous reflectance performance analysis of Si_3N_4 self-suspended subwavelength gratings[J]. Opt. Commun，2007(270)：233 – 237.

9. D. L. Brundrett, E. N. Glytsis, and T. K. Gaylord. Normal-incidence guided-mode resonant grating filters：design and experimental demonstration [J]. Opt. Lett，1998(23)：700 – 702.

10. C. F. R. Mateus, M. C. Y. Huang, Y. F. Deng, A. R. Neureuther, and C. J. C. Hasnain. Ultrabroadband mirror using low-Index cladded subwavelength grating[J]. IEEE Photon. Technol. Lett，2004(16)：518 – 520.

11. C. F. R. Mateus, M. C. Y. Huang, L. Chen, C. J. C. Hasnain, and Y. Suzuki. Broad-Band mirror (1. 12 – 1. 62 μm) using a subwavelength grating [J]. IEEE Photon. Technol. Lett，2004(16)：1676 – 1678.

12. L. Chen, M. C. Y. Huang, C. F. R. Mateus, C. J. Chang-Hasnain, and Y. Suzuki. Fabrication and design of an integrable subwavelength ultrabroadband dielectric mirror[J]. Appl. Phys. Lett，2006(88)：31102.

13. K. Hane, T. Kobayashi, F. -R. Hu, and Y. Kanamori. Variable optical reflectance of a self-supported Si grating[J]. Appl. Phys. Lett，2006(88)，141109.

14. Y. Ding and R. Magnusson. Resonant leaky-mode spectral-band engineering

and device applications[J]. Opt. Express，2004(12)：5661 - 5674.

15. Y. Ding and R. Magnusson. Use of nondegenerate resonant leaky modes to fashion diverse optical spectra[J]. Opt. Express，2004(12)：1885 - 1891.

16. R. Magnusson and M. Shokooh-Saremi. Physical basis for wideband resonant reflectors[J]. Opt. Express，2008(16)：3456 - 3462.

17. S. M. Rytov. Electromagnetic properties of a finely stratified medium[J]. Sov. Phys. JETP，1956(2)：466 - 475.

18. S. S. Wang and R. Magnusson. Theory and applications of guided-mode resonance filters[J]. Appl. Opt，1993(32)：2606 - 2613.

19. D. Marcuse. Theory of Dielectric Optical Waveguides[M]. New York：Academic Press，1974.

20. T. Sang，Z. Wang，L. Wang，Y. Wu，and L. Chen. Resonant excitation analysis of sub-wavelength dielectric grating[J]. Opt. A：Pure Appl. Opt，2006(8)：62 - 66.

21. Y. Ding and R. Magnusson. Doubly-resonant single-layer bandpass optical filters[J]. Opt. Lett，2004(29)：1135 - 1137.

22. Z. S. Liu and R. Magnusson. Concept of multiorder multimode resonant optical filters[J]. IEEE Photonics Tech. Lett，2002(14)：1091 - 1093.

23. Z. Wang，T. Sang，L. Wang，J. Zhu，Y. Wu，and L. Chen. Guided-mode resonance Brewster filters with multiple channels[J]. Appl. Phys. Lett，2006(88)：251115.

24. R. Magnusson and S. S. Wang. New principle for optical filters[J]. Appl. Phys. Lett，1992(61)：1022 - 1024.

25. M. Shokooh-Saremi and R. Magnusson. Particle swarm optimization and its application to the design of diffraction grating filters[J]. Opt. Lett，2007(32)：894 - 896.

26. D. Shin，S. Tibuleac，T. A. Maldonado，and R. Magnusson. Thin-film multilayer optical filters containing diffractive elements and waveguides[J].

Proc. SPIE，1997(3133)：273 - 286.

27. Z. S. Liu，S. Tibuleac，D. Shin，P. P. Young，and R. Magnusson. High-efficiency guided-mode resonance filter[J]. Opt. Lett，1998(23)：1556 - 1558.

28. T. Sang，Z. Wang，J. Zhu，L. Wang，Y. Wu，and L. Chen. Linewidth properties of double-layer surface-relief resonant Brewster filters with equal refractive index[J]. Opt. Express，2007(15)：9659 - 9665.

第**6**章
研究总结

本书利用有效媒质理论、光波导理论、薄膜的传输矩阵方法以及严格的耦合波分析方法,针对亚波长光栅的导模共振效应,实现了对具备滤光和宽带高反射功能导模共振光学元件的研究。具体内容包括:严格的耦合波分析方法处理光栅衍射问题的一般过程;导模共振效应的共振特性;抗反射结构的导模共振滤光片;多模共振情形下导模共振滤光片的电场特性;多通道共振布儒斯特滤光片以及相应的带宽特性;宽带高反射亚波长光栅的物理机制及其设计方法。

6.1 主要研究成果

(1)系统介绍了衍射理论的分类及其研究背景,重点介绍了严格的耦合波分析方法研究处理光栅衍射问题的思路和过程。初步编写了基于严格的耦合波分析方法的 Matlab 计算程序,并以 TE 模情形为例对衍射效率和收敛性展开讨论。

(2)从亚波长光栅、有效媒质理论以及导模共振的共振条件等概念出发,系统介绍并发展了弱调制光栅的薄膜波导分析方法,分析有效媒质理论的有效性。从薄膜的特征矩阵方程入手,分析获得良好滤光性能的单层膜结构导模共振滤光片的思路,得到它所满足的数学表达式。对正入射时导模共振产生的反射双峰及反射双峰分裂现象进行深入分析与阐释,并就导模共振对入射角和光栅周期敏感性的成因进行探讨。此外,采用 AR 结构多层膜波导光栅,设计出共振波长不变、不同带宽的 $\lambda/4 - \lambda/4 - \lambda/4$ 型 AR 结构反射滤光片。

（3）采用非对称单层膜弱调制光栅结构,研究正入射情形下多模共振导模共振滤光片的电场增强效应。研究结果表明,单层膜结构导模共振滤光片兼具相位匹配和波导功能;增加光栅深度可以增大波导光栅所束缚泄漏模的数目,导致高阶模电场局域化增强效应的产生;电场增强的归一化振幅是衡量波导光栅泄漏程度的一个重要参量。

（4）利用有效媒质理论,结合薄膜的传输矩阵方法以及平板波导理论,采用严格的耦合波分析方法,提出多通道共振布儒斯特滤光片的概念及其设计方法以及实现多通道效应的单层膜、双层膜共振布儒斯特滤光片的光栅结构。该方法同样适用于单通道共振布儒斯特滤光片的设计,且设计过程较为简便,可以获得性能良好的共振布儒斯特滤光片。同时,对共振布儒斯特滤光片的物理机制以及带宽特性展开研究。

（5）利用有效媒质理论,结合光波导理论以及导模共振的共振条件,近似确定出衍射级次和泄漏模之间的耦合位置。同时,通过比较衍射光栅的傅立叶系数,判定出衍射级次与泄漏模之间耦合强度的大小,从而鉴别出各个导模共振在宽带高反射中的贡献。然后,通过合理筛选和利用导模共振之间的相互作用,实现具备宽带高反射效应亚波长光栅的设计。并以多晶硅膜亚波长光栅为例,对宽带高反射光栅的光栅参数和入射条件展开系统研究。

6.2　主要创新点

（1）借助平板波导理论和严格的耦合波分析方法，分析研究弱调制亚波长光栅的导模共振效应，验证这类光栅结构等效为薄膜波导的合理性。首次对正入射时导模共振产生的反射双峰及反射双峰分裂现象进行深入分析与阐释。

（2）采用非对称单层膜弱调制光栅结构，首次对正入射情形下多模共振导模共振滤光片的电场增强效应进行深入研究。指出电场增强的归一化振幅是衡量波导光栅泄漏程度的一个重要参量。这一研究同时还为单层膜光栅结构导模共振的发生机制提供了有力依据。

（3）首次提出多通道共振布儒斯特滤光片的概念及其设计方法，以及实现多通道效应的单层膜、双层膜共振布儒斯特滤光片的光栅结构。该方法也适用于单通道共振布儒斯特滤光片的设计，且设计过程较为简便，可以获得性能良好的共振布儒斯特滤光片。此外，深入研究了共振布儒斯特滤光片的带宽特性。

（4）利用有效媒质理论，结合平板波导理论以及导模共振的共振条件，首次提出了具备宽带高反射功能亚波长光栅设计的近似方法。这一设计方法的优点是可以细化并鉴别出各个导模共振在宽带展宽中的位置和贡献。并以多晶硅膜亚波长光栅为例，对宽带高反射光栅的光栅参数和入射条件展开系统研究。

6.3　需要进一步解决的问题

（1）关于严格的耦合波分析方法：对于任意偏振入射，涉及多台阶、厚光栅，含吸收以及色散的二维光栅衍射情形，如何提高运算速度以及收敛性问题，仍有大量的问题有待解决。此外，本书所编写的 Matlab 程序目前尚处于初级阶段，实际应用面窄，能够处理的光栅衍射问题有限，很多地方还需不断完善。

（2）本书提出了多通道共振布儒斯特滤光片的概念及其设计方法，所采用方法较为简单，在不经过优化的前提下，能够设计出具备良好滤光特性的光栅结构。此外，宽带光栅的设计也表明，使用本书提出的近似设计方法，可以设计出性能良好的宽带高反射光栅。但是，目前涉及这部分研究内容的实验工作还处于空白状态，因而，其设计方法的有效性以及实际制备的可行性还缺乏科学依据。要回答上述问题，需开展实验研究，一方面证明设计方法的有效性和实际操作的可行性；另一方面，切实促进导模共振光学元件从理论设计到实际应用的转化，真正提高这类光学元件的实际应用水平。

（3）以本书所用方法获得的光栅参数和入射条件作为初始参数，采用优化算法，根据实际制备要求，优化设计出具有滤光和宽带高反射功能的导模共振光学元件，对相关的制备工艺进行摸索，为导模共振光学元件的发展奠定基础。

后 记

近年来,随着微纳科学技术的不断进步,国际上对导模共振光学元件的研究愈发深入,导模共振光学元件被更广泛应用到各个领域,导模共振在微米、纳米尺度上的传输特性以及在微纳尺度下光与物质的相互作用方面受到人们重视,其研究趋势呈现出与信息科学、材料科学、生物传感等学科交叉的发展态势。

在导模共振与信息科学交叉方面,比如,针对导模共振窄带滤波的应用,美国德州大学阿灵顿分校的 Magnusson 课题组开发了单层膜结构导模共振带通滤波技术[1],这类带通滤波器采用在 SiO_2 基底上镀制一层厚度为 520 nm 的 Si,通过部分刻蚀 Si 层实现导模共振滤波。该滤波器在设计波长 $\lambda = 1\ 304$ nm 处峰值透射率达 99.8%,带宽仅为 0.9 nm。相比与传统多层膜堆结构窄带滤波器,这类带通滤波器具有膜层数少、窄带滤波性能优越,与传统纳米光刻工艺兼容等优势,在波分复用系统、紧凑型阵列高分辨率光谱仪、高光谱成像以及基于拉曼散射的分子组分分析等方面极具应用价值。又如,针对导模共振三基色滤波,日本东北大学 Hane 课题组提出 Si 基 2D 三角晶格亚波长光栅结构[2],通过选用 480 nm、390 nm 和 300 nm 的光栅周期实现红绿蓝三基色滤波,其中红光的峰值反射测量值达 75%,绿光和蓝光的峰值反射测量值分别为 46% 和 30%,这为 Si 基半导体元件的三基色滤波提供新途径。

在导模共振与材料科学交叉方面,比如,英国圣安德鲁斯大学的 Reader-Harris 课题组提出基于聚合物 SU-8 作为柔性基底的导模共振滤波器[3],该柔性基底采用自支撑结构,通过旋涂的方式使其厚度达到微米量级,柔性基底结合自支撑结构拓展了导模共振滤波器的自由度,在接触式棱镜及准直光纤输出装置中具有很好的应用价值。又如,美国爱荷华州立大学的 Huang 等提出基于溶胶—凝胶压印光刻制备导模共振微纳结构方法[4]。通过采用压印光刻的方式直接将 PDMS 模板微结构转移至溶胶—凝胶薄膜,获得光栅耦合器和波导结构,进而得到不同面型和功能的 1D、2D 导模共振微结构,拓展了简单、高效、低成本导模共振微结构的制备技术。

在导模共振与生物传感交叉方面,比如,Tu 等提出将导模共振滤波器和微柱阵列结合实现细胞内蛋白质的检测[5]。通过测量导模共振滤波器峰值波长的变化,实现对未经处理裂解细胞样品中 β-肌动蛋白的无标记检测。又如,Mizutani 等提出带金属基底高灵敏度导模共振折射率传感器[6]。通过采用在金基底上制备一层完全刻蚀的低折射率光栅层,可以对光栅层上的覆盖层实现折射率高灵敏度探测,其共振角对折射率变化的灵敏度测量值达 123°/RIU,共振角半高宽度仅为 1.2°。和表面等离子体共振(SPR)传感器相比,这类传感器的灵敏度已接近 SPR 传感器的理论极值,其带宽为 SPR 传感器带宽的 5 倍以下,因而在传感探测中具有很高的应用价值。

针对导模共振器件的设计及应用,作为本书原有框架的一点拓展,在后续研究中,我们分析了基于导模共振宽带高反射引起的增强透射[7]以及可调谐透射滤波现象[8],提出了等折射率缓冲层调控导模共振滤波器带宽大小的方法[9],将抗反射导模共振滤波器的设计拓展到斜入射[10]和非亚波长波段[11]。

感谢母校同济大学给予的宝贵机会,正值母校同济大学 110 周年校庆之际,衷心祝愿她的明天更加光辉璀璨!

由于时间仓促,加之个人水平有限,错误失漏之处在所难免,敬请大家不吝指教。

桑　田

参考文献

［1］ Niraula M，Yoon J W，Magnusson R. Single-layer optical bandpass filter technology［J］. Opt. Lett. 2015，40(21)：5062－5065.

［2］ Kanamori Y，Ozaki T，Hane K. Fabrication of ultrathin color filters for three primary colors using guided-mode resonance in silicon subwavelength gratings［J］. Opt. Rev. 2014，21(5)：723－727.

［3］ Reader-Harris P，Ricciardi A，Krauss T，et al. Optical guided mode resonance filter on a flexible substrate［J］. Opt. Express，2013，21(1)：1002－1007.

［4］ Huang Y，Liu L，Johnson M，et al. One-step sol-gel imprint lithography for guided-mode resonance structures［J］. Nanotechnology，2016，27(9)：095302.

［5］ Tu Y K，Tsai M Z，Lee I C，et al. Integration of a guided-mode resonance filter with microposts for in-cell protein detection［J］. Analyst，2016，141(13)：4189－4195

［6］ Mizutani A，Urakawa S，Kikuta H. Highly sensitive refractive index sensor using a resonant grating waveguide on a metal substrate［J］. Appl. Opt. 2015，54(13)：4161－4166.

［7］ Sang T，Wang Z，Zhou X，et al. Resonant enhancement transmission in a Ge subwavelength periodic membrane［J］. Appl. Phys. Lett. 2010，97(7)：

071107(1 − 3).

[8]　Sang T，Cai T，Cai S，et al. Tunable transmission filters based on double-subwavelength periodic membrane structures with an air gap[J]. J. Opt. 2011，13(12)：937 − 946.

[9]　Sang T，Cai S，Wang Z. Guided-mode resonance filter with an antireflective surface consisting of a buffer layer with refractive index equal to that of the grating[J]. J. Mod. Opt. 2011，58(14)：1260 − 1268.

[10]　Sang T，Zhao H，Cai S，et al. Design of guided-mode resonance filters with an antireflective surface at oblique incidence[J]. Opt. Commun. 2012，285 (3)：258 − 263.

[11]　Sang T，Cai S，Zhou X，et al. Guided-mode resonance excitation of waveguide grating at oblique incidence in the non-subwavelength region[J]. J. Mod. Opt. 2012，59(10)：893 − 902.